为中国而设计
第二届全国环境艺术设计大展获奖作品集

中国美术家协会 主办　　中国美术家协会环境艺术设计委员会、鲁迅美术学院环境艺术设计系 编

The Awarded Works Collection of the Second National Exhibition of Environmental Art Design

中国建筑工业出版社

图书在版编目(CIP)数据

为中国而设计 第二届全国环境艺术设计大展获奖作品集/中国美术家协会主办，中国美术家协会环境艺术设计委员会，鲁迅美术学院环境艺术设计系编.—北京：中国建筑工业出版社，2006
 ISBN 7-112-08326-5

Ⅰ.为... Ⅱ.①中... ②中... ③鲁... Ⅲ.建筑设计：环境设计－中国－作品集 Ⅵ.TU-856

中国版本图书馆CIP数据核字(2006)第043239号

总 策 划：张绮曼
执行主编：马克辛
编　　辑：梁　梅　文增著　席田鹿
责任编辑：唐　旭　李东禧
责任校对：刘　梅　关　健
整体设计：胡书灵　于　博
封面设计：胡书灵

为中国而设计
第二届全国环境艺术设计大展获奖作品集

中国美术家协会主办
中国美术家协会环境艺术设计委员会、鲁迅美术学院环境艺术设计系　编

*
中国建筑工业出版社出版、发行(北京西郊百万庄)
新华书店经销
北京广厦京港图文有限公司制作
北京中科印刷有限公司印刷
*
开本：880×1230毫米　1/16　印张：13 3/4　字数：440千字
2006年5月第一版　2006年5月第一次印刷
印数：1—2,500册　定价：**118.00元**
ISBN 7-112-08326-5
　(14280)

版权所有　翻印必究
如有印装质量问题，可寄本社退换
(邮政编码 100037)
本社网址：http://www.cabp.com.cn
网上书店：http://www.china-building.com.cn

序

  在成功举办了中国2004年"首届全国环境艺术设计大展暨设计论坛"后，2006年，由中国美术家协会主办，中国美术家协会环境艺术设计委员会和鲁迅美术学院承办了第二届全国环境艺术设计大展暨论坛活动。此次大展暨论坛仍然延续了第一届大展的主题"为中国而设计"，副标题为"和谐、生态、现代中国"。目的在于通过广泛交流全面提高中国环境艺术设计的水平，促进中国环境建设的发展；引导国内环境艺术设计领域关注本学科的最新发展动向，并期待通过同一个主题和延续的展览促进设计师走出具有中国文化内涵和满足现代生活需求的环境艺术设计之路。

  2004年在北京的第一届展览和论坛在国内环境艺术设计界引起了很大的反响，对推动中国环境艺术设计的发展起到了较好的作用。在此基础之上，第二届大展暨论坛得到了更多院校在校学生和专业设计人士的支持。短短的筹备期间，大展组委会就收到了来自全国各地选送的环境艺术设计作品一千多件。这些作品包括外部环境艺术设计、室内设计和环境设施设计等内容，既有已经实施的工程项目，也有环境艺术概念性的设计作品，较全面地反映了我国环境艺术设计发展中的概况。

  中国美术家协会聘请了由环境艺术设计知名学者组成的评审小组，按照中国美术家协会的评审程序进行了严格的评审。获奖作品均由评委进行无记名三轮投票产生，体现了展览评奖的公平、公正。大展奖项分专业组和学生组，各组评选出国家级中国美术奖的提名作品奖项和优秀奖获得者。为了鼓励环境艺术设计的创新和手绘表现，此次大展特设创意奖和手绘奖。评奖强调了环境艺术设计中的原创性、实用性和艺术性，评审委员会尤其肯定了那些体现了创新精神和人文内涵的设计作品。

  中国经济高速发展，城市化速度可观。人们对生活水平要求的不断提高的同时，对生活环境的质量也越来越予以重视。设计师肩负着提高设计水平改善生活环境质量的重任。中国美术家协会环境艺术设计委员会希望通过设计大展和论坛引导设计师"为中国而设计"，设计既符合中国国情又具中华文化内涵、既体现现代科技成就又能表达我国各民族人居环境观念的当代环境设计作品，把人们对于和谐、宜居、绿色的美好理想体现在设计中。

2006年5月

目 录

委员会成员

评审委员介绍

获奖作品及作者名单

参赛作者名单

"中国美术奖"提名作品

优秀作品

最佳概念设计作品　　最佳手绘表现作品

入选作品

	6
	8
	10
	18
	21
	33
	83
	95

委员会成员

顾问委员会

顾　问：靳尚谊　潘公凯　常沙娜
主　任：刘大为　韦尔申
副主任：戴志祺　张绮曼　刘晓华　田奎玉　李宝泉
秘书长：朱　凡　马克辛

组织委员会

王　铁　王　澍　冯安娜　吕品晶　李　宁　陈六汀
齐爱国　李炳训　吴　昊　吴卫光　苏　丹　林学明
汪大伟　陈顺安　郑曙旸　周长积　周家斌　杨冬江
赵　健　俞孔坚　施　慧　郝大鹏　梁　梅　蔡　强

论坛组委会成员：
顾　问：闵咏柏　王受之　俞孔坚　王春立　张绮曼
主　持：马克辛　梁　梅　杨冬江

组委会执行委员会

主　任：马克辛
副主任：王伟杰　文增柱　梁　梅

评审委员会

主　任：张绮曼
副主任：马克辛
委　员（按姓氏笔画排列）：

王　铁　文增著　吕品晶　李　宁　李炳训
吴　昊　苏　丹　陈顺安　郑曙旸　周长积
赵　健　郝大鹏　蔡　强

监评

朱　凡　刘晓华

评审委员介绍

张绮曼

中央美术学院建筑学院 教授
博士生导师
中国室内装饰协会副理事长
中国室内装饰协会工程设计委员会主任
中国工业设计协会常务理事
室内设计学术委员会会长
中国美术家协会环境艺术设计委员会主任

郑曙旸

清华大学美术学院副院长 艺术设计分部主任
教授 博士生导师
中国建筑装饰协会资深室内建筑师 设计委员会主任
中国建筑学会室内设计分会资深高级室内建筑师 副理事长
教育委员会主任
中国室内装饰协会资深室内设计师 常务理事 设计委员会副主任
中国美术家协会环境艺术设计专业委员会副主任

马克辛

鲁迅美术学院环境艺术系主任 教授 硕士生导师
中国建筑装饰协会设计委员会副主任 资深室内建筑师
中国建筑学会室内设计分会资深高级室内建筑师 理事
教育委员会委员
中国室内装饰协会设计委员会副主任 资深室内设计师
中国美术家协会环境艺术设计专业委员会副主任

李 宁

东南大学兼职教授
南京林业大学兼职教授
中国建筑装饰协会常务理事
中国美协环艺设计委员会副主任
《室内设计与装修》副主编
江苏省建筑装饰协会副会长
江苏省装饰环艺设计专业委员会主任委员

吕品晶

中央美术学院建筑学院常务副院长 教授
建设部建筑设计院 高级建筑师
北京市建筑设计院 建筑师
国家一级注册建筑师

王 铁

中央美术学院建筑学院 教授
中国美术家协会会员
中国美术家协会环境艺术委员会委员

郝大鹏

四川美术学院副院长 设计艺术系主任 教授
重庆市城市规划委员会委员
重庆市建筑装饰协会副理事长

梁 梅

中国美术家协会环境设计艺术委员会秘书长
中国室内装饰协会室内装饰工程设计委员会副秘书长

苏 丹
清华大学美术学院环境艺术系主任 硕士生导师
中国美术家协会环境艺术专业委员会秘书长

陈顺安
湖北美术学院环境艺术系主任 教授 硕士生导师
中国美术家协会环境艺术委员会委员
中国百名室内建筑师
中国建筑学会室内设计分会理事

赵 健
广州美术学院副院长 设计学院院长 教授
中国工业设计协会常务理事
中国工业设计协会室内设计专业委员会副主任
中国美术家协会环艺设计艺委会委员
中国美术家协会平面设计艺委会委员
国家级资深室内建筑师
中国建筑学会室内设计分会理事
中国建筑装饰协会专家委员会委员
中国建筑装饰协会设计委员会委员

周长积
山东建筑工程学院艺术设计系主任 教授
山东建筑工程学院环境艺术设计研究所所长
中国建筑学会室内设计分会常务理事

蔡 强
深圳大学艺术与设计学院 教授
环境艺术设计系主任
中国美术家协会会员
中国美术家协会环境艺术委员会委员
中国建筑装饰协会设计委员会副主任
ICAD中国地区环境艺术委员会景观设计委员会主任

李炳训
天津美术学院设计艺术学院副院长
环境艺术设计系主任 教授 硕士生导师
中国美术家协会环境艺术委员会委员
中国建筑学会室内设计分会理事
CIID有成就的资深高级室内建筑师

吴 昊
西安美术学院建筑环境艺术系教授 主任
中国美术家协会环境艺术委员会委员
全国百名优秀室内设计师

文增著
鲁迅美术学院环境艺术系 教授 副主任
中国室内设计学会会员
中国包装设计技术协会会员
辽宁美术家协会会员

席田鹿
鲁迅美术学院环境艺术设计系 教授
鲁迅美术学院《美苑》编辑部 编审

获奖作品及作者名单

"中国美术奖"提名作品

专业组

井冈山革命博物馆展陈设计方案　作者：田奎玉　王雄　林春水　马瑞东
南京大吉温泉度假村建筑及室内设计　作者：洪忠轩
东北日军暴行纪念馆设计方案　作者：王伟　曹德利　郭旭阳　李建
王子茶艺馆室内设计　作者：李建勇　张豪　海继平
喜峰口规划及公共艺术设计　作者：秦东　杨小阳　李建勇　李媛　王凛　朱庚申　崔雷　马梁
城市中的会所　作者：夏秀田　景峰　王绍轩

优秀作品

专业组

自然生态博物馆　作者：席田鹿　迟威　祝博
"回归"景观建筑　作者：董嘉俊　刘威　林春水　姜民
度　作者：王娟　陈超
上河城山地别墅景观设计　作者：毛文正
光谷创业街三期　作者：黄学军　张进　詹旭军
大连软件园9号楼　作者：李力
蒸汽机博物馆展示　作者：曲辛　段邦毅　郭旭阳　廉久伟
坐具设计　作者：李维立
东泉旅游广场及东和酒店建筑设计　作者：潘召南
德国杜塞尔多夫中国中心　作者：齐宁超
良渚（酒店大堂）　作者：陈尚京　林春莉　曾银
天津市古文化街海河楼综合商贸区景观设计　作者：曹磊　董雅　郝卫国　王焱
唐苑温泉会所景观设计　作者：海继平　陈晓育　张豪　李建勇
苏州加城国际销售中心　作者：秦岳明
深圳城色售楼处　作者：洪铭华
贵州博物馆创意设计　作者：伍新凤
丝绸展示馆　作者：曹志明　姚岚
广州三星设计艺术中心办公室　作者：王少斌
广东中山现代军事博物馆　作者：赵时珊　于博　胡书灵
展览馆概念设计　作者：隋昊
现代陶艺馆　作者：吴江　逄坤明
桥梁设计　作者：徐伯初
办公空间设计　作者：江韶华
淄博正承广场景观设计　作者：郭去尘
现代乡土　作者：钱缨
河南艺术中心美术馆　作者：吴诗中　郑文胜　姜昊生　张烈
U-TEAM机构　作者：颜政
西安城墙博物馆室内设计　作者：张豪　郭娅菲
北京温特莱中心　作者：陈六汀
山东泰安市区夜景规划设计　作者：李鑫　王明超

The Nominated Works of "China Art Prize"

学生组
民俗博物馆设计　　作者：黄永杰
中国北京奥林匹克公园环境设施概念设计　　作者：中央美术学院建筑学院环境设施小组
积木游戏——实验性大学生公寓概念设计　　作者：宋汝斌　陈延祥

Excellent Works

学生组
海洋生物馆　　作者：张毅　姚红媛
"场"——赋予艺术生活的平台　　作者：江涛　李云鹏　魏靓
生生不息的碾畔　　作者：郭贝贝　降波　谭明　饶硕　李一清　李静
生成的建筑　　作者：王晓燕　赵坚
四保临江战役纪念馆　　作者：赵双玉　刘微　张书　王宇　郭静　刘东　隋昊　李静　张青青　张毅
时光魔方　　作者：胡熠
聆听来自远古的强烈动音　　作者：董薇
走进牛奶的遐想——"牛奶吧"概念设计　　作者：王蓉　秦一博
构室　　作者：梁涛
一书一院　　作者：何思玮
肇庆休闲度假装置设计　　作者：黄展鹏
西双版纳州宾馆　　作者：周稀　刘阳　舒丹
印刷回顾馆　　作者：徐笑非
时间为线——情调餐吧　　作者：宋萍
帆·影——大连海滨广场概念设计　　作者：卞宏旭　张莹莹　金长江
印象空间　　作者：黄兆成　王鹤　李春艳
半坡粥坊　　作者：马志刚

获奖作品及作者名单

最佳概念设计作品

专业组

自然生态博物馆　作者：席田鹿　迟威　祝博
"回归"景观建筑　作者：董嘉俊　刘威　林春水　姜民
山东泰安市区夜景规划设计　作者：李鑫　王明超
仓颉文化广场设计　作者：朱庚申　崔雷　李建勇　韩磊　陈舒捷　贾依林

最佳手绘表现作品

专业组

度　作者：王娟　陈超
上河城山地别墅景观设计　作者：毛文正
厦门石头山公园修建性详细规划　作者：陈天送
森林再生——丹霞山灵溪河森林公园　作者：洪海讯
丰盛町——地下阳光城　作者：孙继忠　胡双喜　王志军　何乘枫

入选作品

专业组

花溪祭祖文化园　作者：贵州天海规划公司
南京新街口"中国著名商业街"地标设计　作者：季峰
迁安钢厂办公楼设计　作者：崔冬晖
简易空间　作者：曹西冷
新现代主义风格在教育建筑室内设计中的尝试
——西安电子科技大学图书馆室内设计（中标方案）　作者：李浩　韩放　林毅然　林慧峰　范世誉　李鸣
晋城市图书馆方案设计　作者：赵劲松　王平
重庆市图书馆室内设计　作者：尹端　周勃　谷江
辉庭日本料理店设计方案　作者：廉久伟　张雷
太原钢铁公司生活服务区建筑设计　作者：施济光　张强　李科　邢朝艺
沸腾鱼乡　作者：游秀星　秦赫
楚天传媒大厦　作者：周军　王娟
济南雍福会会所设计　作者：张炜
济南东成西就餐厅设计　作者：周平　张炜　周勃
教育设施空间设计与建筑改造　作者：张旺
"曲靖旧城"恢复性建设概念方案　作者：昆明欣友装饰公司
泰达时代售楼处　作者：邱景亮
七间房·房子中的房子——园院中的办公室　作者：沈康　彭海浪　王果
美术馆设计方案　作者：周政
香当当餐馆　作者：吴江
重庆东部茶园新区苦溪河生态景观　作者：韦爽真
广州兴华软件研发有限公司　作者：吴楚杰
时尚成就风格　作者：无象工作室
浙江桐庐红楼之星样板房及售楼处　作者：洪铭华　马辉
台州国际酒店　作者：曾芷君　蔡文齐　吴瑶君

Best Concept Design Works

学生组
积木游戏——实验性大学生公寓概念设计　　作者：宋汝斌　陈延祥
帆·影——大连海滨广场概念设计　　作者：卞宏旭　张莹莹　金长江
印象空间　　作者：黄兆成　王鹤　李春艳
低收入人群住房问题　　作者：柴磊
线韵流觞——东方书法研究院设计方案　　作者：戚绍丰
多功能会演中心建筑设计　　作者：黄粤

Best Hand-drawing Representation Works

学生组
时间为线－情调餐吧　　作者：宋萍
半坡粥坊　　作者：马志刚
绿地居民　　作者：李江
易琮岛建筑规划设计　　作者：邓明
青岛海洋世界极地馆深化设计　　作者：李博男　尹航　李淼

Selected Works

学生组
激活城市——建兴坡实施项目　　作者：王平妤、曾燕玲
视觉艺术中心　　作者：李斌
文化空间　　作者：刘新华
广场设计　　作者：苏迪
江南西云梯休闲广场　　作者：林一鸿　罗志刚　蔡文华
景观在运动　　作者：黎少君
蚁穴拟态的生土幼儿园　　作者：朱明政
住－居－信息时代城市生活"居"的探讨　　作者：赵坚　王晓燕
湖北省艺术馆设计实录　　作者：罗斌　叶勇　陈晓红
新生态公厕　　作者：丁飞　周爽
独生院宅　　作者：董莳
古生物博物馆　　作者：张书　张毅
"它山之石"别墅设计　　作者：曾浩洁　田斌
棋艺茶馆　　作者：刘平
快乐起航——幼儿园概念空间设计　　作者：毕善华
MY BOX 我的盒子　　作者：沈莉
荷塘月色　　作者：汪卓琳
海螺　　作者：宋浩然
垂直交往　　作者：杨杨
小型可移动建筑——震后救助中心　　作者：矫富磊　杨剑雷
大屋——文脉城市记忆的延续　　作者：西德亮
蛋之语　　作者：白雪　谢青松
室内设计——"圣地"　　作者：赵宏强
概念设计——水晶餐宫　　作者：曹亮　邵建军
巢　　作者：赵孝男

获奖作品及作者名单

入选作品

专业组

宝胜园（珠海）　作者：林学明　徐婕嫒　张宁　梁建国
辽宁中医药大学学术报告厅空间设计　作者：段邦毅
沈阳某住宅小区景观概念方案　作者：徐文　李林
地域文化的形与神　作者：仪祥策
新形象——三峡库区消落带景观万州北岸消落带　作者：叶云　尹传垠　何明　吴宁　伍昌友
交流·沟通·成长　作者：姜龙
北京空间技术研究中心室内装饰设计方案　作者：李大鹏
先锋戏剧表演艺术中心设计方案　作者：魏栋
某酒店大堂方案　作者：颜政
铜钱驿站　作者：鲍诗度　王淮梁　李学义　徐莹　杨敏　李佳　谢文江　葛荣
南京高速永宁服务区室内外空间设计　作者：于研　冯琛　郭贤婷　黄更　贺梦
昆明尚都国际水浴会所设计方案说明　作者：张毓池　张禾
设计空间的意念表现　作者：王延军
交通整合的城市景观　作者：张新友
横竖之间　作者：赵海山　赵丽丽
木兰水乡　作者：詹旭军　黄学军　张进
香格里拉普达措国家公园　作者：黄欣友
中国银行股份有限公司江苏省分行中银大厦　作者：何小青　赵辉
日神集团写字楼　作者：秦岳明
云南昆明百货大楼人行天桥概念设计——城市之眼　作者：徐曹明
天津天狮集团会议中心　作者：徐杰坤　洪铭华
土家炼生窟设计方案　作者：刘俊　李婷婷
镜泊湖游艇码头广场规划方案　作者：王雄
现代艺术馆　作者：徐刚　李永昌
太湖阳光度假酒店　作者：集美组
朗联设计公司写字楼　作者：朗联设计公司
CQL中心设计　作者：吕永中
重庆鱼嘴新城景观设计　作者：陈六汀
多维住宅　作者：薛春燕
冼星海纪念馆展览设计工程　作者：郑念军
青山铁板烧狮子俱乐部　作者：张立公
昆虫博物馆　作者：罗曼
重庆国际会议展览中心室内设计　作者：周勃　尹端　谷江
美宝集团细胞再生理疗空间设计方案　作者：马新天　姜云霞
江西樟树水景文化广场　作者：毛文正
综合楼与汽车展厅　作者：孙志刚
经典时尚涮肉坊　作者：黄雪峰
巴洛克咖啡艺术廊　作者：辛冬根　任优莲
绿色校园——江汉大学校园绿化完美总体规划设计方案　作者：何凡
为了母亲的微笑　作者：龙国跃　杜全才
宁波BOBO城　作者：崔笑声

Selected Works

学生组

自然换喻·建筑之源　作者：刘炜
洗矿物艺术创作中心设计方案　作者：房磊　黄春
"非草非木"——竹设计的探究　作者：顾济荣　陈安斐　季正嵘　胡敏君
高坎镇"神井"广场景观规划设计　作者：鲍春　杜新
没有棱角的阳光地带　作者：邓璐
"泡泡"洗浴文化休闲体验馆概念设计　作者：谭杰　曹鑫鑫　赵丹丹
湖美国际艺术交流中心项目研究　作者：付丛伟　朱绍婷　杨璇　杨晶晶　童心
鹰守大蒿峪生态果园　作者：刘健
概念单体居所与群体联立　作者：徐明　韩野
"限制中的自由"——关于未来学生公寓设计的探索　作者：王美丽
城市水族馆　作者：张玉良
多功能应急性住宅　作者：张宇峰
泉水公园　作者：单梁
多孔建筑　作者：邱希雯
北京生命科学交流中心　作者：付强
佛教文化交流中心设计方案　作者：吴苏宁　戴巍
与"诗情画意"零距离——汉水景概念设计方案　作者：王祝根
辽宁省古生物化石博物馆　作者：王晓东
低成本造就艺术的文化餐饮空间——楚灶王酒店设计实录　作者：刘洋　吴珏　丁凯　项聪
68内衣专卖店设计　作者：邓璐
甘堡藏寨守备官寨再生　作者：杨治　胡哲　甘伟　曾忠忠　荆晶
叠韵多功能公共空间　作者：赵妍
韶山毛泽东文物馆展陈设计　作者：王宇　周凡　孙悦　任飞　安鹏　王冲　绍吉峰　侯研文　朴盛多
中国福文化艺术传播中心　作者：崔恒　籍颖
空间再生　作者：周秋行　李宛倪
异度色彩空间　作者：廖日明
光之谷　作者：王珊珊　关扬
HOBO之城市营地　作者：王雯静　郭冕
九亿中国　作者：王江涛
CHINA TIES　作者：刘裴　谢文佳
酒店大堂室内设计　作者：韩亮
UPLAND DAIRY别墅设计　作者：孔祥栋
"栖居"湿地鸟类科考营地设计　作者：吴磊　徐新宝
城市下的院落　作者：曹旭晖　吴雪
绿林食工坊文化主题餐厅设计　作者：杨光
纸居　作者：孙亮
生态的遮阳景观设计　作者：陈鸿雁
"中国盒子"华夏媒体中心设计方案　作者：张玲
影动中——皮影戏剧院　作者：张宏蕾　徐巍
在水一方　作者：邓露曦　叶海丽　朱钰琦　周嫣
公共空间LOFT超越·未出发　作者：崔厚昌　廖伟斌

获奖作品及作者名单

入选作品

专业组

广东省档案馆　　作者：王驰　王敏
城市假日——403　　作者：丛宁
汕头博物馆公共环境壁画设计　　作者：陈志明　兰文杰
湖北博物馆室内设计　　作者：傅欣
源江浩泽　　作者：彭征
内蒙古先行广告办公空间设计方案　　作者：杨正中
"你家我家"家居配饰中心　　作者：孙继忠　徐长青　王金龙
榆次文化艺术中心　　作者：庞冠男
吉林省自然博物馆　　作者：王铁军
佛山市欧亚会SPA休闲中心　　作者：集美C组
ZBPUB酒吧　　作者：鲁小川
汉派新农村　　作者：尹传垠
云锦成客栈　　作者：王怀宇
荒园中生长的艺术摇篮
——湖北美术学院艺术设计学院建筑及环境设计　　作者：王鸣峰　梁竞云　黄学军
深圳民间瓦罐煨汤馆　　作者：胡飞
圣淘沙花城　　作者：陶胜
北方国际传媒中心　　作者：刘威
北京中关村软件园软件广场酒店　　作者：彭勃
现代艺术展览馆规划设计方案　　作者：梁晨
美术学院展厅改建方案　　作者：张春梅　刘晔
中山文化中心公共空间设计方案　　作者：曾海彤　樊威亚
内蒙古达茂旗草原文化宫　　作者：海建华
瑞景空间　　作者：裴晓军
盛世开屏　　作者：张达临
赤峰石博园　　作者：张果　孙志敏　刘玉　邢萍
水墨空间　　作者：任光辉
重庆黄山抗战遗迹博物院　　作者：黄耘　邓楠
重庆渝中区较场口地区环境整治及景观规划　　作者：刘宜著
古币建筑意空间概念设计　　作者：代锋
青岛奥运帆船基地运动员活动中心　　作者：张智忠　洪铭华
深圳某RD公司中心　　作者：严一伦
经济学院——学景大酒店　　作者：张震
民大光谷美术馆　　作者：舒菲　杨晓祥　郭虎　潘攀
随意空间　　作者：顾宇光
326艺术家交流中心　　作者：李宁

Selected Works

学生组
"根源"城市森林公园博物馆　　作者：赵东
2006沈阳世园会展馆概念设计　　作者：徐大伟
折叠的村子　　作者：王田田
时空——印象　　作者：刘清清　李婷　黄一文　耿金
云冈石窟　　作者：张甚
当代艺术展览馆设计方案　　作者：宋英杰
勿忘国耻　企盼和平伪满洲战犯管理所　　作者：周凡　张毅
概念空间——搏击俱乐部　　作者：张国庆
现代办公模式　　作者：陈洁辉
华能金陵燃气电厂景观设计　　作者：吴天华　谭亮　侯伟伟　曾伟
国际文化交流中心　　作者：杨小舟
中国人民解放军沈阳炮兵学院模拟演练大厅　　作者：刘帅　邓明
"蜗居"独立住宅概念设计　　作者：齐娜
德清县卧龙山公园改造　　作者：孙路达
六角形的集会　　作者：高珊珊　路艳红　李永昌
魔方空间艺术工作室　　作者：丁伟　李鹏　李永昌
唐图——源自七巧板的建筑设想　　作者：李贺　李博男
国际青年活动中心设计方案　　作者：李博男　肖宏宇
接下来的建筑　　作者：王宇　杨小舟
天籁迷音观听博物馆　　作者：宿一宁

(按姓氏笔画排列) 参赛作者名单

北京市 （专业组）王江涛 王绍轩 王睿昱 韦云 仪祥策 任永刚 刘玉 孙志敏 朱力 邢萍 吴诗中 张果 张烈 张丽丽 张志奇 李力 李沙 李大鹏 李京京 李朝阳 李瑞君 杜异 陈六汀 郑文胜 姜昊生 赵林 赵海翔 夏秀田 秦赫 顾大海 崔东晖 崔笑声 黄雪峰 傅祎 景峰 游星 中国农业大学920环境艺术研究室 （学生组）孔祥栋 王江涛 王健庭 王晓燕 邓璐 史洋 史元丰 史建亮 刘环 刘颀 刘晓英 刘媛欣 孙建刚 江丽华 吴帆 宋丹 张勇 张甚 张磊 李险峰 李楚智 杨剑雷 苏怡 苏迪 邱实 陈益阳 陈媛 周丽霞 孟彤 范馨元 郑轶 姜勇 胡熠 赵坚 赵丹丹 候俊杰 夏禹 夏磊 徐波 徐硕 贾珊 戚绍丰 曹鑫鑫 矫富磊 谢金梁 翟艳 谭杰 黎少君 中央美术学院建筑学院环境设施小组

上海市 （专业组）于研 王淮梁 冯琛 田云庆 任磊 吕永中 何小青 吴亚生 张达临 张馥晶 李佳 李学义 杨敏 俞学勤 贺梦 赵辉 徐莹 郭贤婷 黄更 储艳洁 葛荣 谢文江 鲍麟 鲍诗度 郎联设计公司 （学生组）丁俊钧 尤岚 王燕 王国锋 王晓蕴 王滋文 冯乃乙 叶琮妮 左于晨 孙璐 朱俊 朱励卿 许悦 邢杰 齐晓韵 严昉菡 吴衍萍 张磊 李岳 李鸣 李袤袤 沈凌燕 邹钧文 陆青 陈若 陈安装 陈潇潇 周琛 周晓蕾 季正嵘 郁佳佳 封晟 胡敏君 贺欣 赵倩 倪玮卿 凌晓 夏爽 徐斐洁 秦杰 郭冷 顾济荣 高鹰 高银贵 高懿理 曹晓钧 盛玉红 黄月 傅佳 傅慧闻 董姝 楼乐菲 鲍麟 蔡燕婕 潘婷婷 薛绍斐

天津市 （专业组）王平 王焱 孙锦 李维立 邱景亮 赵劲松 郝卫国 高颖 曹磊 董雅 （学生组）马志刚 牛珺 王杰 王锐 王珊珊 王美丽 王雪峰 邓文超 冯广礼 叶青 刘斐 刘文强 刘沛然 朱明政 许艳铭 吴少华 吴静子 宋萍 张怡 张良慧 李扬 李广雯 李晟郡 杨四倍 沈莉 沈烁圻 陈彬 周全 林建桃 武昶宏 练绪来 范思哲 金涛 姜晖 赵东 赵伟 赵妍 赵杰 钟新根 夏缘缘 殷实 傅云佳 董薇 谢文佳 韩亮 韩毅 韩秀兰 韩富志 魏晓东

重庆市 （专业组）尹端 余学伟 吴淼 应安华 谷江 周勃 罗源 金科 胡大勇 （学生组）李锦晋 周帅华

河北省 （专业组）胡青宇 贾荣建 曹戈 （学生组）曹春磊 张新华 方明 赵宏强 蒋杭 常璐 刘亮亮 王猛 刘平 张楠 卢冶 赵佳 饶波 王纯 王栋梁 吴飞 吴凌琳 于庆华

山西省 （专业组）王怀宇 刘剑 庞冠男 （学生组）张楠 赵佳

内蒙古自治区 （专业组）王欣远 闫俊东 杨正中 海建华 郭建中 魏栋 （学生组）马永胜 马婷梅 王芳 王燕 王长亮 王彦超 王晓霞 付强 刘强 刘杨 刘晓峰 孙军 米娜 邹博 吴海荣 宋燕 张靖 张广平 张玉良 张国庆 李纯 李斌 李予天 李修杉 李星桥 陆玲珑 单广昆 孟德桢 房磊 欧阳文强 苑升旺 范海亮 柴杜娟 高方 黄春 焦婷 麻媛媛 顾艳秋

辽宁省 （专业组）于莹 于爽 于博 于恒旭 马新天 马瑞东 文增著 王伟 王雄 王振宇 王海鹏 冯丹阳 田奎玉 白月明 任昊 任绍辉 伊振华 刘卉 刘威 刘敬东 吕鑫 孙迟 曲辛 江南 江邵华 邢朝艺 闫英林 何楠 吴琦 宋宝林 张旺 张枫 张展 张强 张雷 张雷 张立公 李丽 李时 李建 李林 李科 李正军 李志刚 杨淘 杨猛 汪振泽 汪振泽 沈君 迟威 迟立明 邹明 冼宁 周正 周政 周磊 孟颂平 庞博 林春水 罗曼 金程斌 姜民 姜云霞 彦英林 施济光 祝博 胡书灵 赵中志 赵时珊 凌玲 席田鹿 徐文 郭旭阳 曹德利 梁晨 隋昊 曾宪伟 董枫 董家俊 鲁小川 廉久伟 薛春晓 沈阳市规划设计研究院 （学生组）马玉锐 化越 卞宏旭 尹航 牛星 王飞 王冲 王宇 王庆 王卓 王迪 王涛 王萍 王淼 王新 王楠 王蓉 王聪 王璐 王璐 王玉雷 王丽前 王国中 王春娟 王炽杰 王珊珊 王晓东 邓明 丛玮蔚 付海 田斌 田仁锋 田树红 乔娇 关杨 关耀东 刘冬 刘卉 刘帅 刘壮 刘池 刘歆 刘蒸 刘薇 刘鑫 刘丰溢 刘亚男 刘珠鹏 吕品 孙奇 孙悦 任飞 任玉洁 任志飞 孙传志 孙虹霞 孙路达 安鹏 年青 曲婷婷 朴盛多 毕善华 齐娜 何莲 佟健 吴天昕 吴苏宁 吴琦 江韶华 许元森 许增爵 应育展 张书 张帅 张放 张林 张洋 张珏 张莉 张毅 张宏光 张所亮 张海燕 张莹莹 时间 李帅 李旭 李江 李建 李亮 李贺 李淼 李滨 李鹏 李静 李泓江 李金生 李博男 李睿娜 李一迪 李鑫 李文冰 李秀英 杜宇 杜鹃 杜新 杨宇 杨凯 杨猛 杨小舟 杨旭东 肖宏宇 谷明皓 陈涛 陈小普 陈宏宽 陈媛媛 陈喆 陈琳 单美娜 周凡 周晓晶 和欢 庞博 武丹丹 绍吉峰 罗浩 金长江 金晓玲 侯靓 侯研文 姚红媛 姜佳文 姜海波 宫静静 施璇 胡月 赵一 赵双玉 赵孝男 钟永成 唐超 徐尧 徐尧 徐佳 徐明 徐大伟 徐垒 秦一博 郭嘉 郭静 陶博 高琼 高源 高永强 高晓榛 梁昀 黄磊 黄东哲 黄国涛 曾宪伟 曾皓洁 温晓旭 韩野 韩磊 韩莹莹 鲁娜 鲍春 毓鑫 端学静 潘实 潘春玲 穆健伟 戴巍 鞠枫玲 魏巍

吉林省 （专业组）王岳新 王明时 王铁军 刘晔 刘学文 刘治龙 余冷 张春梅 李春郁 杨铭 郑培慧 胡佳 赵丽丽 赵海山 候天奇 姬莹 （学生组）王宇 王东海 王宝石 付强 代锋 代岩峰 冯涛 白雪 白明兴 乔通宇 孙亮 朴贤子 汲长菊 闫立中 闫鹏凌 刘博 刘聪 刘洪涛 张玲 张勐 张峰 张婷 张小恒 张宇峰 张宏蕾 张志昊 张星亮 张玲玲 张赋岩 李化 李娜 李江南 李琼音 杨铭 周铁柱 周颜涛 罗广宇 范慧婷 金海英 侯佳男 赵磊 赵焕宇 郝佳音 徐硕 徐巍 徐巍 徐威娜 徐翠翠 郭伟 郭晋 郭天卓 郭丽媛 郭秋月 钱娜 高艺淼 高妍彦 宿一宁 崔恒 傅光美 董成磊 董金明 谢青松 韩锐 褚文竹 籍颖

黑龙江省 （专业组）王延军 包绍华 叶虹 白晶宝 苍鹤 周伸 周晓杰 林世军 黄剑 韩冰 （学生组）马松文 王磊 王岳新 王海见 刘学 孙百宁 许大卫 吴迪 吴雪 张凯 张薇 张学赞 李萍 李国庆 李波波 沈宏青 苍鹤 房博 姜博 姬莹 徐家亮 郭卫伊 潘宏磊

江苏省 （专业组）丛宁 刘虎翼 许定亮 齐宁超 李晓 李小兰 李元俊 李永昌 李法德 季峰 姚岚 胡志栋 徐刚 陶胜 顾宇光 曹志明 蔡瑞 裴晓军 薄晓光 戴云亮 （学生组）丁伟 于洋 毛轶敏 叶胜 吴天华 张国庆 李强 李鹏 李燕 李永昌 李宇恒 苏朋 苏睿 辛宏伟 易增洪 侯伟伟 钟山艳 高屹 高姗姗 彭仕强 曾伟 韩颖 路艳红 谭亮

浙江省

（专业组）王伟 王崇东 刘宜晋 向燕琼 孙志刚 汲晓辉 李剑 李建国 沈浚 陈贤生 陈虹宇 武利兵 罗青石 郑军德 施俊天 章承辉 黄仙中 黄显锁 童泰川 蔡西濛 （学生组）于青青 孔旷怡 支伟峰 王田田 王迎新 王卿芳 王晓萍 邓露曦 冯新红 叶海丽 田雯雯 伍正辉 刘伟 孙煜 孙天罡 安陆禄 朱砂 朱伶俐 朱俊俊 朱钰琦 朱梦绯 汤传健 衣洁星 吴磊 吴佳妮 张杰 张娜 张燕 张宁静 张洁娟 张倩影 张锡挺 李建华 杜一晨 杨琳华 汪卓林 沈未央 苏弋旻 邵凯 陈怡 陈学崇 陈林 陈殷舒 陈海韵 陈绮萍 周嫣 周懿青 林洁 林海芳 林裕钦 罗雅琴 郑林纯 姜丹 查方兴 胡艮环 骆杰灵 倪梦娜 唐丽青 徐慈 徐亚庆 徐姗姗 徐凌红 徐新宝 袁柳军 崔钰 盛洁 章屹 黄珏 黄学谦 曾晓梦 董莳 韩鹏飞 慈云飞 褚晓颖 熊晴星 蔡俊 蔡敏捷

安徽省

（学生组）孔磊 卢伍强 刘金涛 朱佳路

福建省

（专业组）毛文正 王治君 刘仁芳 张恒 张文霞 陈天送 陈西蛟 郑洪乐 程郑毅 董赧 （学生组）王瑶 陈艺 卓芽 周加力 黄庄巍

江西省

（专业组）丁磊 任优莲 刘继荣 齐晓峰 李文凤 辛冬根 徐菊珍 谭晓云 戴悦 （学生组）丁增光 马景新 王宝家 王珊珊 田仁涛 伍冠东 安冬冬 江涛 江鹏程 许高华 吴晓虹 宋海林 张媛媛 李宁 李云鹏 李创伟 周星 罗月君 侯晓峰 俞燕丽 姜海霞 夏宗良 徐成东 曹勇 解柳琼 魏靓

山东省

（专业组）王建 王明超 田晓芹 刘仁健 孙宝珍 孙继国 吴江 张炜 张玮 张勇 张震 李宁 李振 李鑫 李冬慧 李栋宁 邵力民 周平 周勃 段邦毅 荣曦 逄坤明 郭去尘 董海全 韩广清 鲁敏 蔡树本 （学生组）仇佳 王浩 王蒙 王蓉 王鹤 王鑫培 田永胜 白雪 刘元超 刘新华 西德亮 宋汝斌 宋绍群 宋英杰 宋英杰 张玮 李沁 李春艳 杨林 肖楠 陈合峰 陈延祥 单梁 周雅 郑宝珠 赵凤琴 徐亮 顾美利 高伟 黄兆成 傅少鹏 谢意举 韩强 鞠辛娜

河南省

（专业组）冯雨 刘贝迪 何方园 骆志永 郭君健 （学生组）王宁 郭开东 曹子龙

湖北省

（专业组）尹波 尹传垠 方宁辉 王刚 王娟 王琳 王鸣峰 叶云 伍国友 刘伍喜 向东文 何凡 何明 吴宁 宋敏 张进 李桂媛 杨晓祥 辛艺峰 周军 周彤 周艳 夏元春 郭虎 梁竞云 黄学军 傅欣 傅方煜 舒菲 詹旭军 潘攀 （学生组）丁飞 丁凯 尹铭磬 王方 王玮 王强 王祝根 王梦林 付丛伟 冯安莉 叶勇 龙黎黎 任军君 刘阳 刘洋 刘德志 朱娅 朱绍婷 冷金龙 吴钰 张艳芳 张潭智 李娟 李靖 李光超 杨璇 杨黎 杨晶晶 沈锋宜 陈振萍 陈晓红 周爽 周稀 周华旭 罗斌 罗聪 罗志华 郑莎璐 郑雅慧 柳春茹 胡俊 胡敏 胡塞强 赵娟 赵梦 项聪 柴磊 高超 曹亚丽 彭雄亮 童心 舒丹 董宁 路峰 廖逸群

湖南省

（专业组）刘俊 李方杰 李婷婷 杨军林 唐琼 （学生组）张进洁 杨飞艳 邵建军 林麟 凌旭峰 资威 曹亮

广东省

（专业组）么冰儒 马辉 王驰 王果 王敏 王少斌 王志军 王金龙 邓欣 邓志钦 兰文杰 史鸿伟 吕海雪 孙继忠 许志军 严一伦 何秉枫 余定 吴宗建 吴宗敏 吴祖斌 吴楚杰 吴瑶君 张宁 张连举 张智忠 李鸣 李浩 李震 李霖 李敏堃 李雄杰 沈康 肖永健 陈浩 陈志民 陈国裕 陈尚京 陈鸿雁 孟佳冬 林伟海 林学明 林春莉 林慧峰 林毅然 欧阳彪 范世誉 郑彤彬 郑念军 洪忠轩 洪海讯 洪铭华 胡飞 胡双喜 凌川 徐长青 徐洁坤 徐婕媛 秦岳明 袁子伟 袁干平 贾培岭 钱缨 曹西冷 梁建国 梁静雯 黄春 黄一兵 黄军尧 彭征 彭勃 彭海浪 曾银 曾芷君 曾海彤 韩放 雷展宁 蔡文奇 樊威亚 潘向东 颜政 SACHACOLES STEVEN BCEASE YAZMIN RAMIREZ 集美组 集美C组 （学生组）仇希雯 王茂 王玲 王金东 王雯静 邓丽婷 邓荣华 卢顺玲 叶其醒 叶博文 刘炜 刘倩 吕绍藩 孙良树 江莎莎 何思玮 余晓芬 吴文洁 吴佩涛 吴尚荣 吴晓蕾 张健 张鹏 张成瑛 张露明 李焕蕾 李强昌 杨杨 沈伯辉 苏冬 苏挚邦 邱希雯 陈伟 陈兰生 陈志家 陈洁辉 陈鸿雁 陈熙业 林一鸿 林宗茂 林振军 林润鸿 欧敏华 罗志刚 种胜 赵阳 赵斌 钟鸣 郭冕 钱缨 崔厚昌 梁涛 梁嘉文 黄粤 黄永杰 黄展鹏 黄艳辉 黄雅琪 彭俏媚 曾永华 程焕衡 蒲俊翰 廖日明 廖伟斌 蔡璋 蔡文华 蔡晓薇 谭清梅 戴沈松

广西壮族自治区

（专业组）张欣 李茵 肖盛誉 赵樾 温军鹰 蔡志刚

四川省

（专业组）王立瑞 计宏程 邓楠 韦英其 韦爽真 龙国跃 刘宇 刘营 向燕琼 孙志刚 张新友 李昌涛 杜全才 姜龙 赵宇 赵建国 徐伯初 陶涛 高玠瑜 黄涛 黄耘 潘召南 （学生组）王平妤 王仲伟 叶敏 刘媛 邢晓静 宋浩然 张闯 张为民 张鸳鸳 李霞 李宛儿 李昌涛 杨扬 杨小牧 杨叶红 陈子仟 周仿颐 周秋行 苗楠 赵青 赵朝庆 徐笑非 袁浩东 黄艺 黄文彩 曾燕玲 程熠 谢青伶 蒲靓佳

贵州省

（专业组）伍新凤 贵州天海规划设计有限公司

云南省

（专业组）张禾 张毓池 徐曹明 黄欣友 昆明欣友装饰公司 （学生组）王苹 王楠 刘正源 刘铄通 杨臻 杨国树 陈凡 庞磊 段薇 贺子祥 赵瑜 彭鹏飞 谢改良 谢琳丽 樊佳奇

陕西省

（专业组）马梁 王娟 王凛 刘晨晨 朱庚申 张豪 李媛 李建勇 杨小阳 陈卓 陈超 岳钰 海继平 秦东 郭娅菲 钱江 崔雷 程舒捷 韩磊 裴俊超 樊帆 （学生组）马梁 王娟 王凛 史鲁涛 乔艺峰 刘怡 刘晨晨 刘清清 朱庚申 江帅 许德禄 吴雪 张豪 张丽中 张啸风 李江 李婷 李媛 李静 李一清 李建勇 杨小阳 陈卓 陈超 陈晓育 陈雪峰 陈舒婕 降波 侯伟 胡月文 赵博 饶硕 栾晋 海继平 秦东 耿金 贾政 贾依林 郭贝贝 郭娅菲 崔雷 崔文河 曹旭晖 黄一文 景春霖 曾海钟 韩磊 翟新亮 裴俊超 谭明 樊帆 黎鹏展

甘肃省

（专业组）才让多杰

香港特别行政区

（专业组）邓子豪 葉紹雄 （学生组）甘伟 杨治 胡哲 荆晶 曾忠忠

DESIGN FOR CHINA 2006

"中国美术奖"提名作品

作品名称：南京大吉温泉度假村建筑及室内设计　　　作者：洪忠轩

大吉温泉度假村建築及室内設計

本案位于南京市汤泉镇大吉温泉度假村之内，设计内容包括建筑和室内设计，建筑与原度假村旧酒店建筑相连，结构为钢结构形式，建在一片竹园之中，周边环境优美。

作为整个设计的重点，大堂的设计个性十足。从外观到室内均以独特夸张的表现手法来塑造建筑形体。条形的玻璃窗从墙面到天花贯穿起来，阳光充分引入而不会刺激眼睛，室外景观从四周一览无遗，室内采用松木板，不同材料互相组合层次丰富，效果强烈。可容纳400人的多功能厅位于三层，内设多功能舞台，可供娱乐表演、时装展示等。其他附助设施包括贵宾厅及中餐包房等，设计以追求生态自然，营造一个整体的绿色酒店环境。

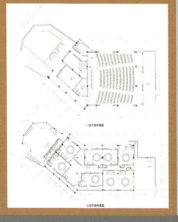

作品名称：东北日军暴行纪念馆设计方案

作者：王伟 曹德利 郭旭阳 李建

"中国美术奖"提名作品 专业组

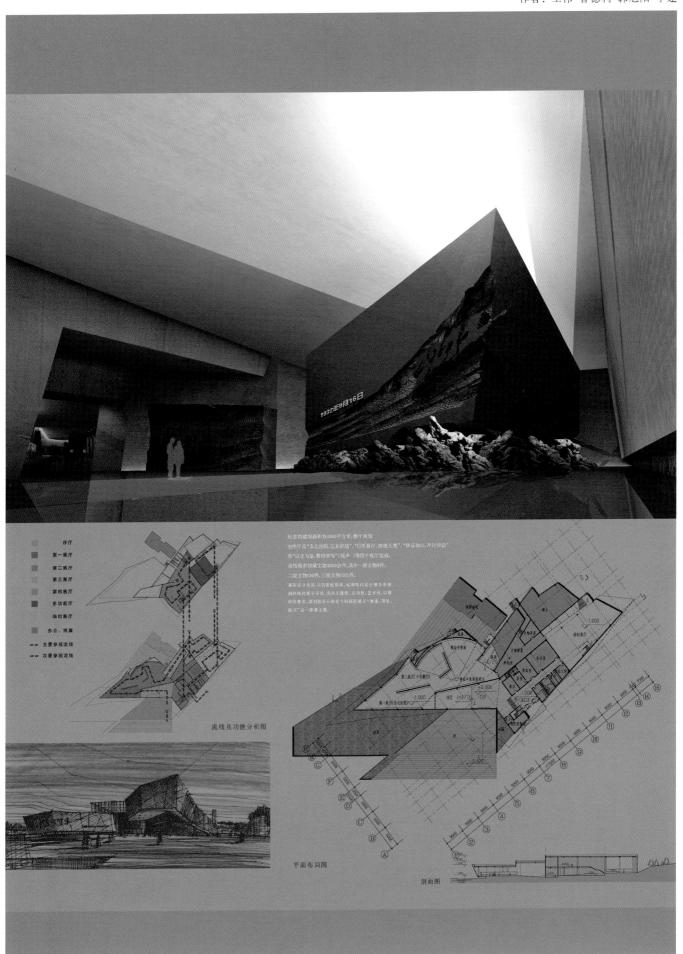

作品名称：喜峰口规划及公共艺术设计
作者：秦东 杨小阳 李建勇 李媛 王凛 朱庚申 崔雷 马梁

喜峰雄关大刀园景观规划设计

一、设计背景及创意定位

喜峰口地处唐山市迁西县北部，是万里长城的一个重要关隘，距今已有两千多年历史，从古到今，一直是驻军重地，历史上很多重要战争都发生在这里，抗倭名将戚继光也曾在此驻军把关。在抗日战争时期，这里是作为抗日前线的一部分，见证了中华民族抵抗外来侵略的历史，其中喜峰口抗日战役最为突出，当年的五百大刀壮士用热血谱写了抗日的历史篇章，脍炙人口的著名《大刀进行曲》也由此而产生，成为了中华民族抗日的精神象征。

本设计把握其突出文化特征，即"不忘国耻的爱国主义教育"这一主题，而且正值中国人民抗日战争胜利和世界反法西斯战争胜利60周年之际，该园区作为全国乃至全世界省事思悟，缅怀先烈，追忆历史的景观环境更具有其特殊的意义，本着爱国主义、保护生态环境这一设计原则，最终形成一个以爱国主义教育与自然景观相结合的原创性旅游景观。

二、总体规划格局

喜峰口雄关大刀园地处山谷中，受地理环境影响，整体空间成线型状，地势由低到高，依据其特殊的空间形态，结合园区功能，作了以下景点划分：入口广场（包括喜峰口抗日纪念馆、抗战纪念碑）、石阵、抗战主体雕塑群、壮士林、大刀魂、寻迹踏歌、千秋坛（景区主广场）、凝思碑、长城古堡遗迹、兰陵诗峡、山花烂漫、天际一线等景点。

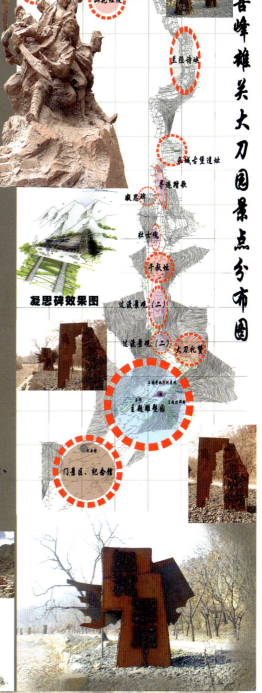

喜峰雄关大刀园景点分布图

前敌指挥所改造效果

栈道效果图

长城古堡遗迹复原效果图

作品名称：城市中的会所

作者：夏秀田 景峰 王绍轩

作品名称：中国北京奥林匹克公园环境设施概念设计

作者：中央美术学院建筑学院环境设施小组

中国北京奥林匹克公园环境设施概念设计 ——景观柱设计

此景观柱设计借鉴中国古代青铜器中的礼器——鼎和爵，以两种青铜器的造型抽象为多功能景观柱。

在造型上景观柱以中间分开的缝隙以现代手法处理，利用阳光的照射和人视角的变化产生不同的光影效果和情趣效果。在四块整体分割开的立面上又有五个古典风格的圆环相连，同样有着自身的含义。

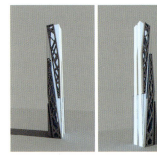

此景观柱方案中侧重在造型设计上深入研究强大的功能性组合。造型的组合形式配合功能作用而设计。其中结构横向为三层保护层与四层功能层紧密结合。对于安装电子演示屏、太阳能板等设备具有极大的方便性。竖向为交错结构组合。

部分由钢丝结合可以方便照明角度以及临时性安装的附属功能。

中国北京奥林匹克公园环境设施概念设计 ——服务设施1

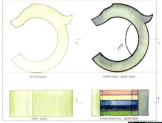
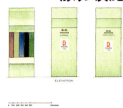

饮水 水滴 涟漪

此饮水装置创意来源于水自身的形态。以水滴为基本形，进行多种变化而得来，可任意组合。配合水滴的形式，将此处的地面处理成高低起伏，形似涟漪。既是动人的小景观，又能明确其功能性，一目了然。

两种饮水高度

人性化设计
每个单体不论造型如何变化，出水口都有两种高度。
分别为成人、儿童、残障人士提供服务自然的流线型，使水刚好沿着外壁流下

采取轻盈的圆弧造型以及光洁的材质，让人体会到饮水装置的洁净与亲切。陶瓷碎片拼贴作为铺地，具有浓浓的中国意味粗糙的质感与水滴形成对比，突出主体。

Watering places F G Mailboxes

YULONG MAILBOX 玉龙 邮筒

玉龙邮筒是一个将表现力与应用的灵活性相结合的邮筒，被设计放在08年中国奥林匹克公园里。其设计引用了中国商朝时期的玉龙这种器物，形象生动，体现了中华民族的悠久的文化传统。而内侧的五条色带则引用了奥运会标志上的五种颜色，分别代表了五大洲。

此邮筒采用了可靠的材料，即铸铝，提高了美观性和实用性。表现力和功能上的选择是这个方案的中心。圆环状的外表面能使雨水滑落，侧面的轮廓设计强调了外形，玉龙邮筒的颜色主要以绿色（中国邮筒的统一颜色）为主。两个邮筒作为一个整体，分为本埠和外埠，并列摆放。

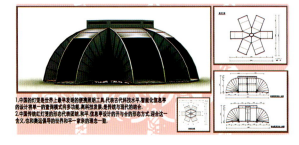

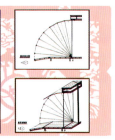

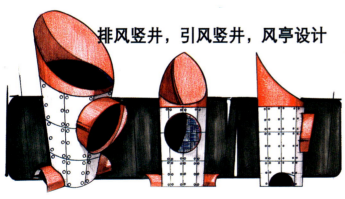

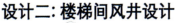

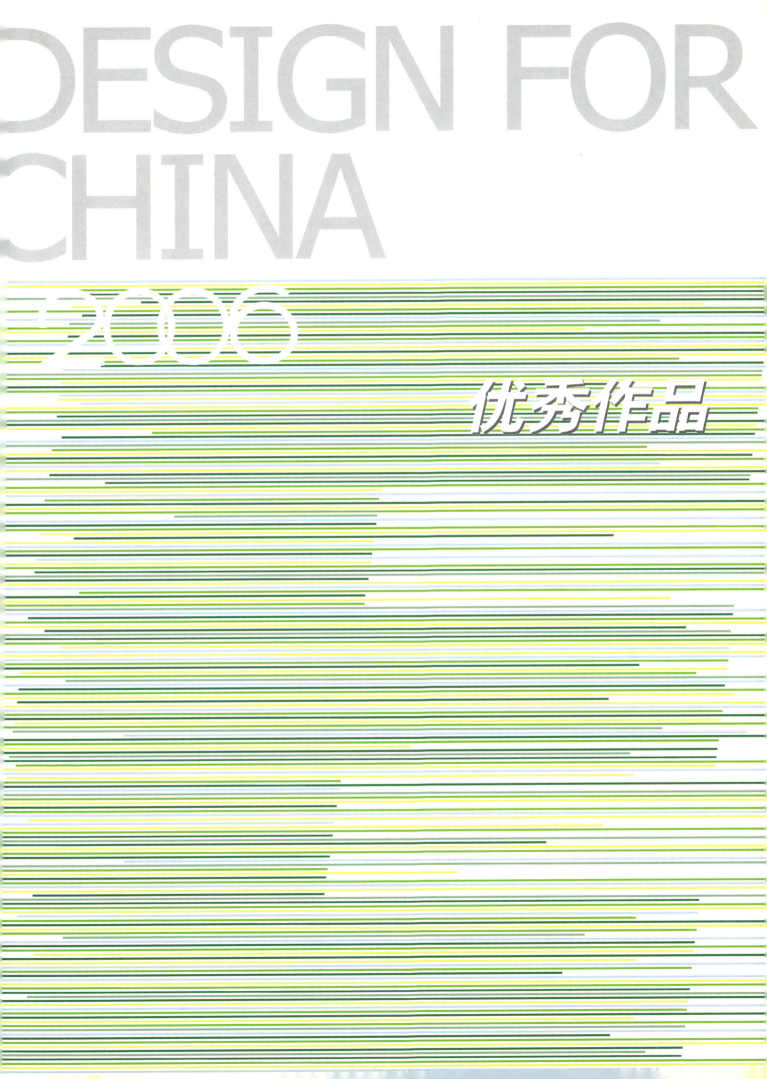

作品名称：自然生态博物馆

作者：席田鹿 迟威 祝博

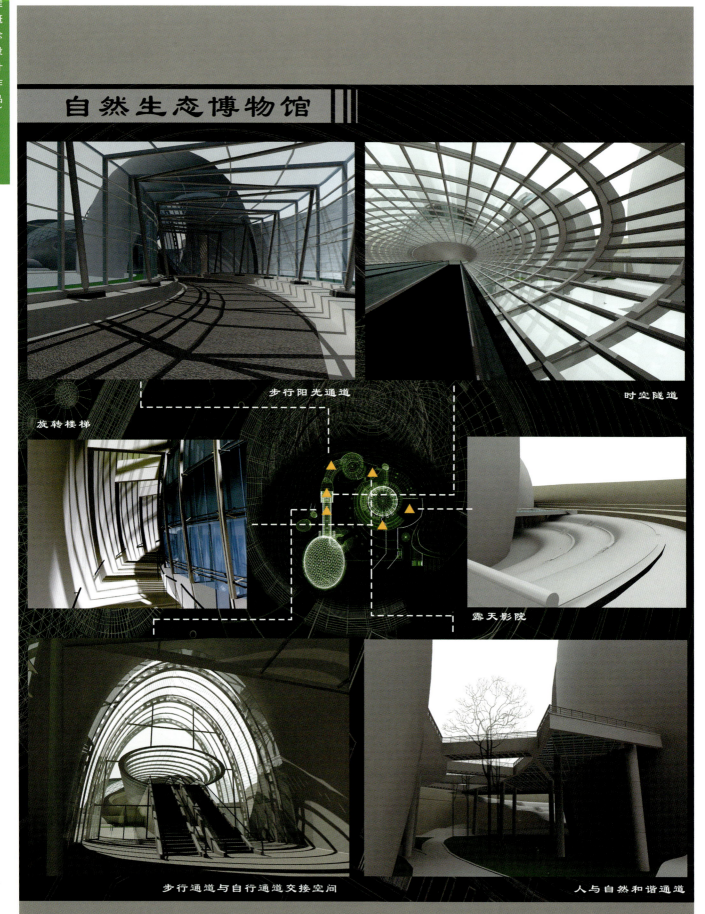

自然生态博物馆

这是一座自然生态博物馆的设计，设计的最初形象来源是古生物即恐龙的蛋壳形象，确定为设计构思的主要依据。蛋壳形象的建筑主体主次紧密排列，在周围基础环境的设计处理上采用的是依山而建围合而成，地面下陷的设计手法。形成母亲怀抱的方式，暗示生命与自然的依存关系。

建筑的主体内部空间为开敞式空间设计。建筑的外部形象模拟出自然生态的某些特征，蛋壳符号又具有生命的孕育和衍生象征。它具有生命生生不息，循环反复的特征预示生命神秘的流转……

在长廊的设计中，利用的是空间转换的设计手法，增加空间的延展性和景观的多样性而长长的廊的设计又暗合着时空的转换，同时在设计中使用的深灰色系使空间氛围营造出悠远深邃的时间感。

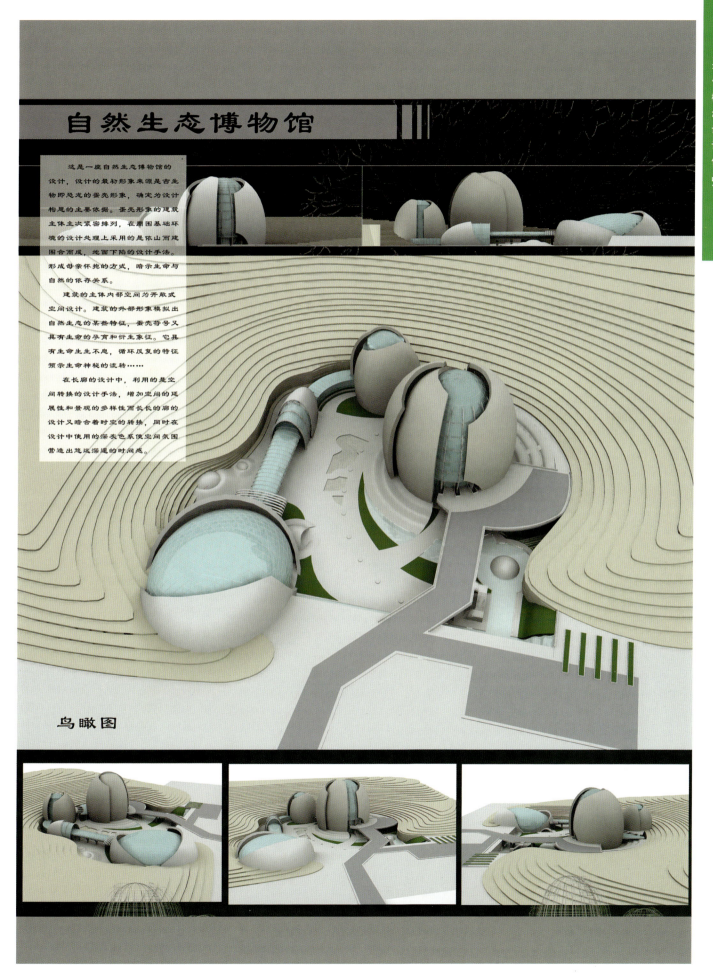

鸟瞰图

作品名称:"回归"景观建筑

作者:董嘉俊 刘威 林春水 姜民

作品名称：度

作者：王娟 陈超

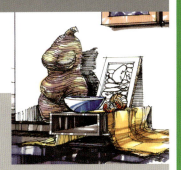

Comfort

Weizhongguoershejidierjiequangouhuanjingyishusheji

SCALE Interior design

Culture

度 Scale

"度"是事物运转衡量的准则，无"度"则无法衡量事物的准则。过度装饰、过度设计、过度消费……都反映着设计的社会问题。

设计的工作大都在尺度、比例尺度、度中进行者。

度、尺度、材料的度、空间的度、设计的度，这些使设计找到了起点。

我们才刚开始……

作品名称：上河城山地别墅景观设计

作者：毛文正

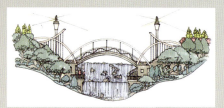

上河城山地别墅景观设计[A]

- 上河城——繁华的时尚之都 山水艺术的文化之城
  通过对场地及建筑的深入了解及与各方的充分沟通，力图在此处创造出富有生气，充满特色的城市商业景观。极具中国文化特色的山水雅居。
  限制与挑战区内建筑形式及功能空间丰富多样，且各具特点。
  ——场地地形高低错落丰富，高低层次突出
  ——突出物的景观处理，广场商业气氛的创造，各期之间的有机联系
  ——将中国传统文化，现代景观艺术手法，现代人居生活文化习俗三者结合
     融入景观之中
- 概念
  ——运用现代艺术手法演绎中国传统文化，以简约主义的手法表现精髓
- 手法
  ——利用景观元素重新塑造丰富景园空间
  ——把传统园林元素进行加工应用
  ——把艺术表现融入山水园林之中
  ——四大区域的景观方案各具特色.

上河城 主入口景观方案
时尚之都（商业区）
景观方案.临峰溪舍（南区）
景观方案.倚涛山房（北区）
景观方案.虹桥花涧 景观方案

作品名称：光谷创业街三期

作者：黄学军　张进　詹旭军

优秀作品 专业组

研究类型：建筑景观
委托方："光谷创业街"建设领导小组
设　计：湖北美术学院环境艺术研究所
　　　　武汉七星设计有限责任工程公司

规划理念：①尽可能对现有土地资源充分利用。②采用大面积的绿化，建立可持续发展的生态体系。③提供完善的科技创业硬件设施和配套服务。建筑设计中，在满足通风采光的条件下，本着建筑节能的原则，适当减少开窗面积，并保证建筑内部空间的通畅及立面的整体感和连续性；同时考虑建筑的夜间亮化功能，增强建筑的地标性，打造"武汉光谷"的品牌形象。

光谷创业街三期
传统工业基地向创新产业基地的转变
——SBI 创业街

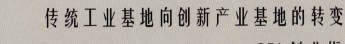
武汉光谷创业街三期规划及建筑设计

作品名称：大连软件园9号楼

作者：李力

作品名称：蒸汽机博物馆展示

作者：曲辛 段邦毅 郭旭阳 廉久伟

优秀作品 专业组

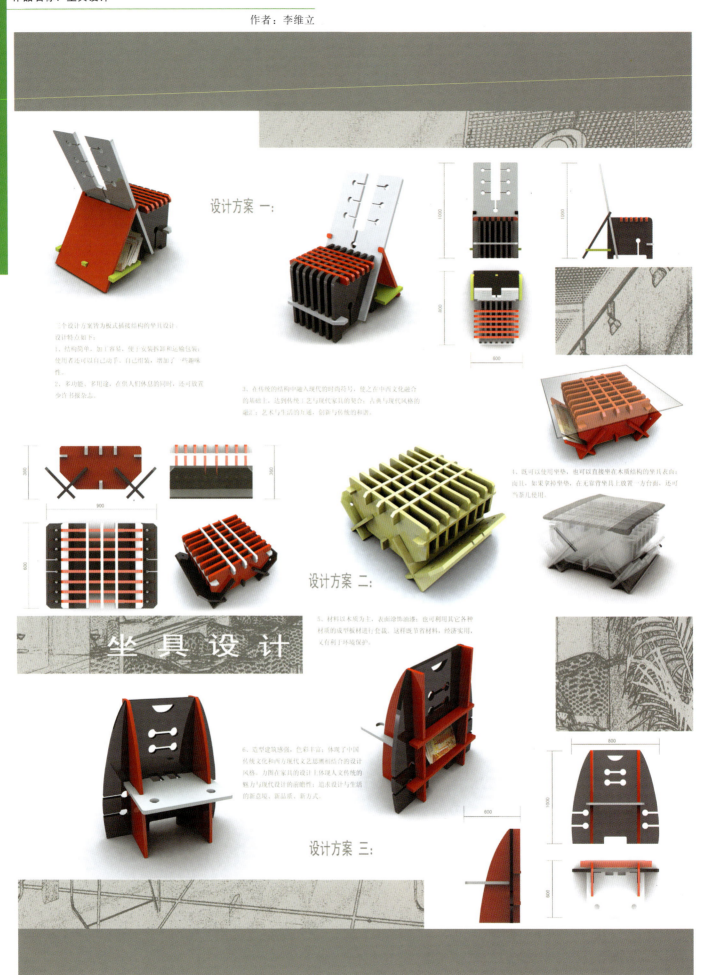

作品名称：东泉旅游广场及东和酒店建筑设计

作者：潘召南

东泉旅游广场及东和酒店建筑设计

项目情况与地形条件

东泉旅游广场及东和酒店是政府统一规划，并投资兴建的，集对市民免费开放的公益活动场所和风景旅游、休闲度假经营酒店为一体的综合性项目，建于重庆著名的风景旅游景点。该项目地处于旅游区内最为繁华的地段，紧靠干道交通便捷，滨临当地一条重要河流"五步河"面向具有喀斯特地貌的、植被葱郁的群山，自然风景良好，且有得天独厚的天然高品质温泉，是一个具备观光、旅游、疗养、休闲等多种功能的度假胜地。地形为狭长地段，最窄处仅为20余米，最宽处不足百米，有数百米的滨河岸线，在场地利用上受限，但地势平坦为缓坡河滩地，开挖与填土量小，是山地环境中难得的地块，占地面积14亩，酒店建筑面积5000余平方米。

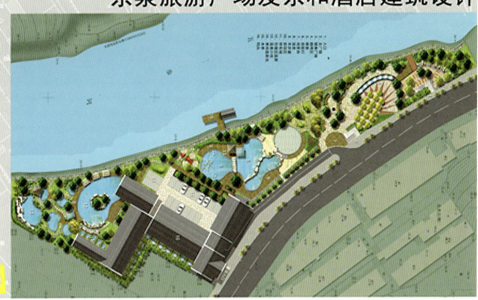

总平面
Plan Design

建筑立面
The Architecture Sidelong

分析图
The Analysis

效果表述
The Purpose

作品名称：德国杜塞尔多夫中国中心

作者：齐宁超

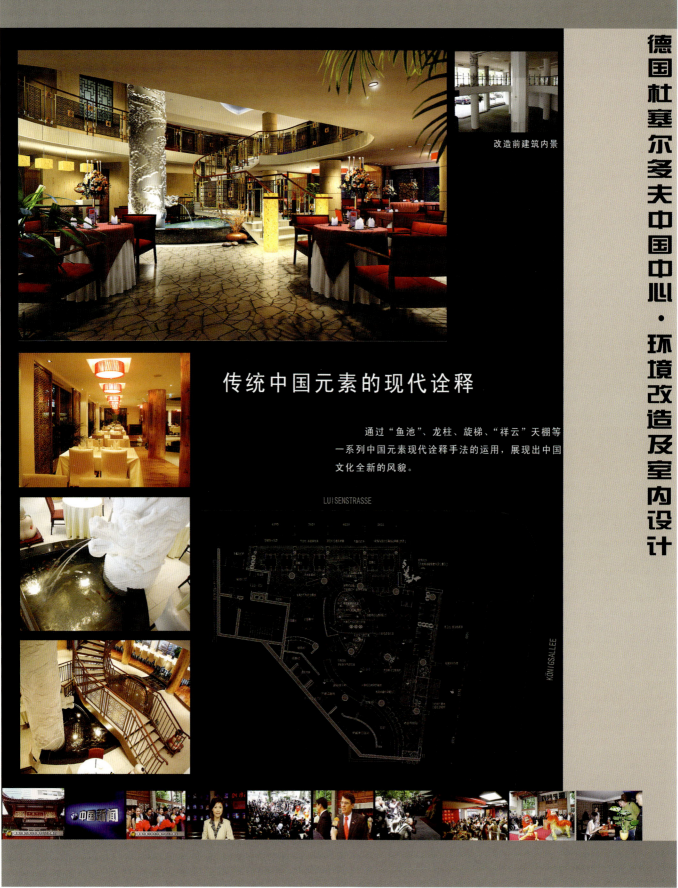

改造前建筑内景

传统中国元素的现代诠释

通过"鱼池"、龙柱、旋梯、"祥云"天棚等一系列中国元素现代诠释手法的运用，展现出中国文化全新的风貌。

德国杜塞尔多夫中国中心·环境改造及室内设计

作品名称：良渚（酒店大堂）

作者：陈尚京 林春莉 曾银

优秀作品 专业组

| 酒店大堂 |

良渚文明拥有5000年历史，是中华民族粗犷血性的文化起源。

设计考虑以良渚原始部落的生活方式为空间提供基本的架构，在不同空间中呈现不同的原始生活片段，以此构成各空间的主题，并以古老的船木、柏树干、粗犷的安迪高金岩石、麻织等独特的材料，重新演绎当时巢居、穴居部落生活的自然与原始。

这样的一种设计风格将是粗犷主义的，通过自然与粗犷的空间表达，

它使建筑的内与外、良渚文明的过去与现在联系起来，形成一个有机的整体。

客人在各空间中，将体现原始部落的各种生活模式，

并以此在精神层次上建构出对原始的良渚血性文化的深刻理解。

作品名称：天津市古文化街海河楼综合商贸区景观设计
作者：曹磊 董雅 郝卫国 王焱

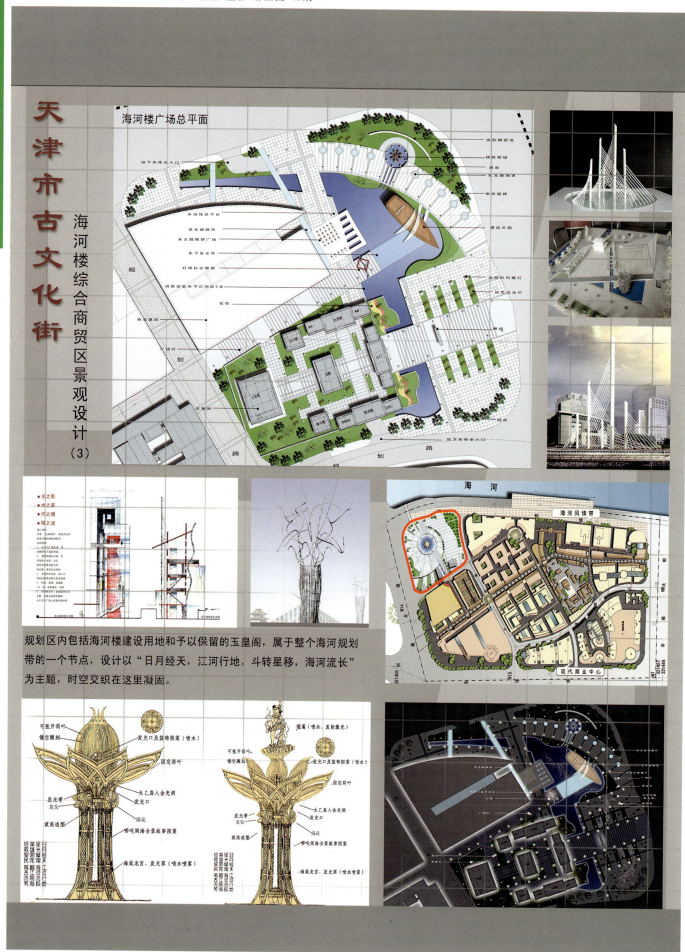

天津市古文化街

海河楼综合商贸区景观设计（3）

规划区内包括海河楼建设用地和予以保留的玉皇阁，属于整个海河规划带的一个节点，设计以"日月经天，江河行地。斗转星移，海河流长"为主题，时空交织在这里凝固。

作品名称：唐苑温泉会所景观设计

作者：海继平 陈晓育 张豪 李建勇

優秀作品 專業組

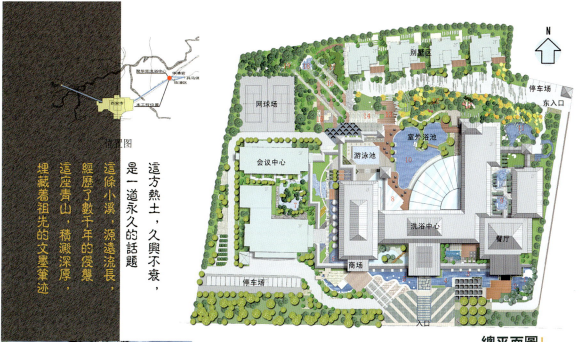

位置图

這方熱土，久興不衰，是一道永久的話題

這條小溪，源遠流長，經歷了數千年的侵襲

這座青山，積澱深厚，埋藏著祖先的文墨筆跡

總平面圖

1. 御香洞
2. 沉香潭
3. 染香池
4. 溪香湾
5. 浮香漱
6. 留香溪
7. 叙香温
8. 品香间
9. 戏鱼泽
10. 芙蓉凝露
11. 白羽滩
12. 聚霖塬
13. 觅莱台
14. 沐香濒
15. 觅源栈
16. 回眸探娜
17. 古井玉甃
18. 禾了泉
19. 长乐园

設計說明

唐苑位处临潼华清池西北附近，毗邻迎宾大道，坐北朝南，占地东西方向长235米，南北方向宽187米，整个地行东高西低，南高北低，最高与最低点落差9.15米，地形变化较大，自然条件与地理位置优越。建筑为仿唐式风格，主体建筑有沐浴楼、餐饮楼、购物楼、及二期的温泉会议度假中心以及别墅洗浴区为主题。该项目即将建成以大唐文化为背景，以洗浴文化为主体的，休闲、度假、洗浴、膳食于一体新理念基地。

唐苑室外景观设计充分体现出人性的、本土的、文化的、生态的、可持续发展的新概念洗浴休闲场所，以洗浴行为与精神体验的方式共同营造出令游者身心愉悦、感触深刻的文化洗浴氛围，达到洗浴文化理念的更高境界。洗浴以唐文化的概念结合，使得洗浴不仅仅是为了荡涤尘垢，而是要进一步追求人与自然的高度和谐，要在这"天人合一"的特殊境界中使灵魂得到净化，使心灵得到解脱。

Landscape Design

作品名称：苏州加城国际销售中心

作者：秦岳明

苏州加城国际销售中心

该项目位于有"东方威尼斯"之称的中国苏州，主要的功能是作为商业楼盘的展示和销售场地。设计师希望作为销售展示中心应该不仅是售卖商品，同时也应向潜在的客户传递某些文化气息。在本案中希望通过运用中国江南传统建筑的语言和符号，并采取现代的设计手法进行界面处理，表达设计师对传统文化的理解，向参观者展示苏州作为中国历史文化名城的书香气息。借鉴中国传统园林的手法处理空间，以不同方式的隔断对空间进行划分，满足不同功能的使用要求。同时保持各空间的相互渗透和延伸，对话和借让，形成园林空间的"借景"、"对景"、"移步易景"。根据需要缀以绿色植物，于面积不大的空间里，营造丰富的层次感，达到小中见大，景随步移的园林效果。空间的黑、白、灰色调源自传统民居的"粉墙黛瓦"，主要材料则选用了当地的传统建材。

作品名称：贵州博物馆创意设计

作者：伍新凤

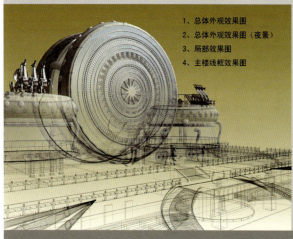

1、总体外观效果图
2、总体外观效果图（夜景）
3、局部效果图
4、主楼线框效果图

贵州博物馆创意说明：

以古夜郎流传至今的，最具代表性的民族文化符号——铜鼓、芦笙（贵州民族特有的乐器）等具象物体构成"贵州博物馆"主体建筑群，首先给人以极大的视觉冲击力和心灵震撼力，以奇特的建筑风格充分展示了贵州文化的深远而厚重、灿烂而诡异。更以现代材料的构成与传统古朴的装饰融为一体。让世人叹服贵州的美丽与神秘。更让夜郎子孙对养育自己成长的这片热土油然而产生深深的眷念之情。

整体建筑多功能的构想，更将古代历史与现代文明贯通一气，充分彰显了贵州人民发展贵州、繁荣贵州、后来居上的决心。

夜郎绝非自大，贵州必将大气磅礴！

贵州博物馆创意设计

作品名称：广州三星设计艺术中心办公室

作者：王少斌

广州三星设计艺术中心办公楼
Guangzhou sanxing sheji yishu zhongxin bangonglou

DESIGNING BECLARATION
设计说明

设计设计师自己的工作空间，犹如画家画自画像一般，除表现其形态、神态，更注重传达一种微妙复杂的不可名状的情绪。

本案的正是这样的一例空间。除具有一般工作空间特有的功能区划和企业形象外，更希冀能让空间的形态构成模式来传达设计对空间的感触或反过来以微妙繁荣空间形态打破固有的视觉模式和改变光线的入射模式，从而导致空间使用者的行为模式，和产生复杂微妙的情绪变化或思考模式。进而体现一种"设计空间"特有性格，使之得以区别一般的注重突出效率、效益的现代企业模式。

本案位于广州CBD的一座高层写字楼之中，四周高楼林立，来往皆行色匆匆的现代商务人士，车水马龙，好一派繁华都是景象，而设计者希望的是一种"冲突"即宁静与喧哗的冲突、高效的商务与平和自在的淡泊相冲突。

整个空间营造的是一种安详、冥想的禅意，使设计工作者在繁忙的设计工作中得以平心静气地思考创作。

平面布局以两条斜线勾勒出空间的动态，打破了原建筑中规中矩的格局，并以不同的区域与形态面积不同的空间，形成了多种形态的空间。入口的接待区有极强引导和疏散功能；冥想区则因光影的变化形成宁静的氛围。"廊"的形成加强了空间的纵深感。

加之质朴的紊混凝土背景与玻璃金属构件形成有趣的冲突，以书法、斗笠自制而成的灯饰及陈设品充满极具个性的艺术文化氛围。

纵观全案，无一处有装饰的痕迹，多重的转角与景现，多变的光影模式，使空间层次更为丰富与意蕴深远。

作品名称：现代陶艺馆

作者：吴江 逸坤明

优秀作品 专业组

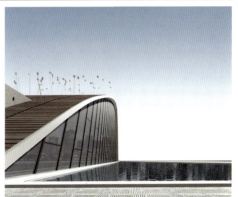

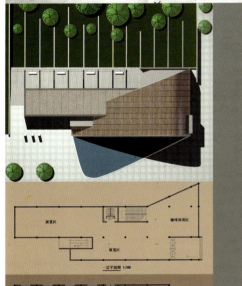

建筑概况：现代陶艺馆位于某建筑大学新校区，基地面积约4000平方米，建筑面积1200平方米，建筑工程总造价100万元

建筑结构：砖混结构

建筑材料：混凝土、黏土砖、陶砖、玻璃、铝合金等

建筑功能：地上一层为展览区、咖啡吧；地下一层为陶艺创作工作室、陶窑及陶艺教学制作区

現代陶藝館

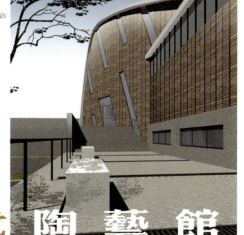

55

作品名称：桥梁设计

作者：徐伯初

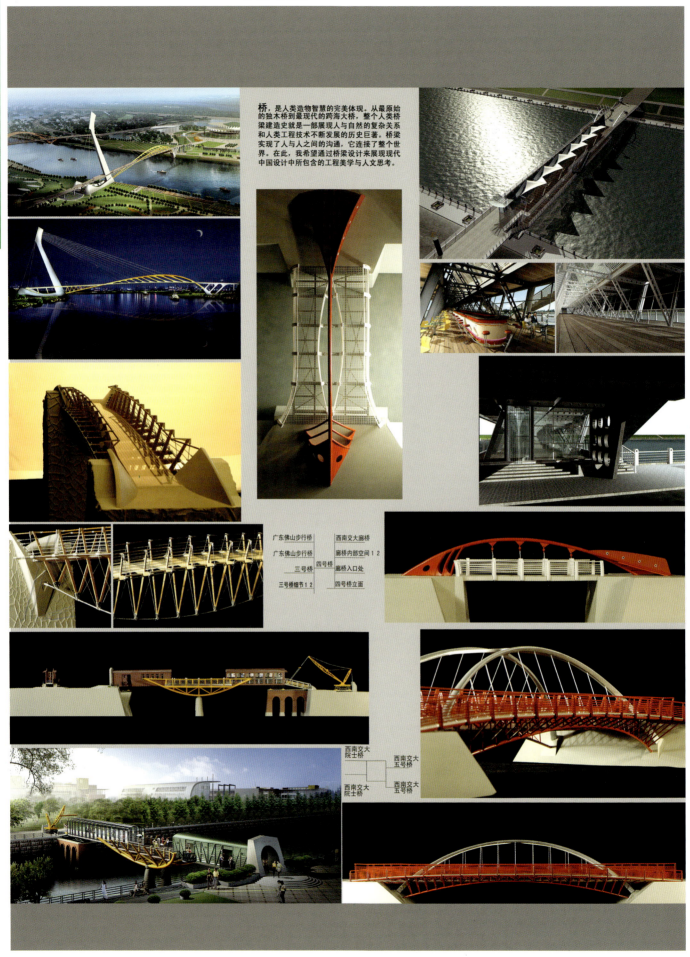

作品名称：淄博正承广场景观设计

作者：郭去尘

作品名称：现代乡土

作者：钱缨

模糊空间

projects sellcenter

主入口方向透视图

1. 室内设计的室外化
→开敞→灵活间隔→建筑的模糊空间

2. 空间的边缘模糊：相对于非此即彼的设计

我们习惯于一种非此即彼的设计，按照既定的习惯方式去处理问题。即是没有一种融合性，在有限范围内的简单判断，是一种硬性的边界。实际上人的使用是多元化的，是多个行为方式的复合体，是一种柔软的边界。我们不能简单的把需求归纳化，设计成树状，约束人的活动。而是应该采用柔软的态度：在未熟知的领域内找寻，开发更多的可能性（即模糊领域的设计），为生活提供更多的选择。

建筑与景观空间摒弃放弃生硬的几何切割，取而代之是一系列的交错形式，出现多种似是而非模糊空间。延展景观的终曙空间，类似与一种生长性的柔软周边。以柔性边界引导的模糊领域的景观和开放空间具有超越建筑本身的意蕴，它为人们与自然、环境之间的对话提供独特的场所；它为与之相对的均质空间注入新鲜的气息，使它们变得活跃和有生气，并与观者的心灵对话；它使边缘在日常生活中具有意蕴，能够作为一种现象的结构去包容空间和生活。

具体设施功能多样性与使用方式的模糊化。

通过设计"弹性"的设施，以提供更多的使用选择，更加良好的空间互动。简而言之就是——物多用：
（1）功能多样性。例如：喷泉和花坛的边缘，升高到400mm，加宽到400－500mm就可以作为座位来使用。这样喷泉和花坛的边缘既是构筑物的硬质边界，又作为座位。
（2）使用方式的模糊化。

"弹性"的形体环境。
"弹性"的形体环境能够调和不同目的、行为之间的冲突，寻找平衡，取得使用目的、使用方式的一致性。"一个好的环境支持有目的行为，并与使用者的行为相适应。"

人的使用

设计中的盲点（未被发觉的设计）

非此即彼的设计

从二楼生活体验区往下看水的院落

办公室方向透视图　　模型区透视图

大堂接待区透视图

优秀作品　专业组

59

作品名称：河南艺术中心美术馆

作者：吴诗中 郑文胜 姜昊生 张烈

一层展厅效果图

河南艺术中心美术馆

充分地利用椭圆形展馆的有利地形进行设计，获得最大的展示面积和最长的展线。充分地利用北边的自然光照明，节省能源，享受自然，取得人与自然条件的和谐一致，达到人与环境的共生。

展厅效果图

二层展厅草图

一层展厅效果图

作品名称：U-TEAM机构

作者：颜政

优秀作品 专业组

U-TEAM
机构

U-TEAM机构作为一家设计生产并代理多种中高端办公家私的专业公司，业主对其新展厅的期望和要求很高，这同样也给设计师带来了浓厚的兴趣。

在双方的沟通中，我们一致的想法：避免制造一个纯粹的卖场，直接用展品作设计，对于展现企业特质是最直接的方法。设计中调动区划、色彩搭配、造型、灯光等诸多因素皆为售卖的产品。现代办公环境用品的销售市场正逐渐趋于标准合理化，随着用户自身素质的提高，越来越多的用户更注重于对供应商设计、工艺、实用、服务等综合因素的考察与选择。让访者从一种体验空间的心态来了解每一个产品，并在此过程中自然产生对供给方充份的信任。这种过程对参访者来说是自然轻松的，甚至有一丝自我探寻与发现的惊喜，参访者由传统被动的接受产品信息，变成一种对产品好奇。事实证明，这种方式对双方的需求与利益都起到了令人欣喜的效果。

入口为U-TEAM机构的合作品牌，左侧的镜面则加大了原本并不宽敞的主人口通道。

用水吧的概念做前台，给来访者一个轻松的气氛，洽谈即在前台的附近，吧台设有供客人自行操作饮品的水槽。吧台的顶部是用软膜制作的斗型装饰，目的是展示LOGO及设置柔和的光线。

家私展示手法是多样的，总之，不能让客人感到乏味。这种将座椅放置在透光上面是通过光线和顶部镜面来制造趣味变化的一种。

展示不仅是对商品的推介，更重要的是对公司营销、服务理念的集中展示，并由此与客户相互加深理解与信任。

61

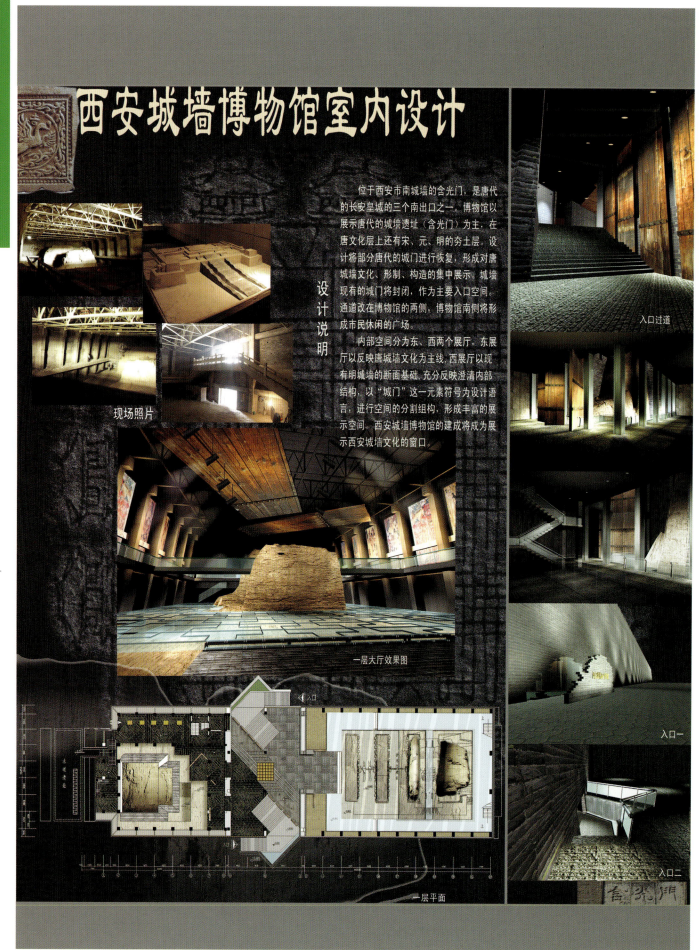

作品名称：北京温特莱中心
作者：陈六汀

北京温特莱中心

作品名称：山东泰安市区夜景规划设计
作者：李鑫 王明超

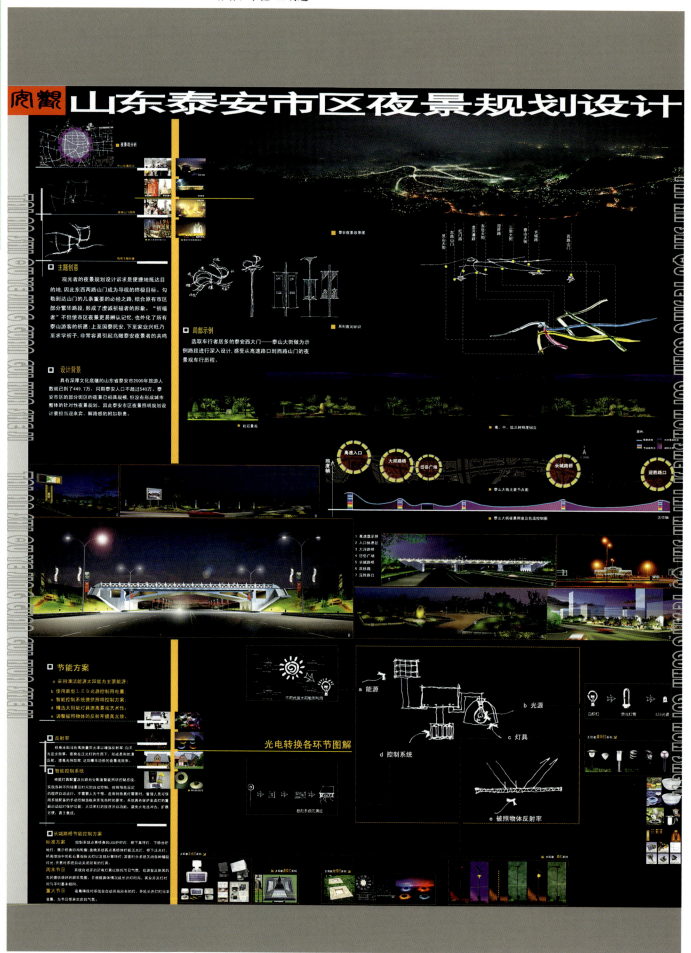

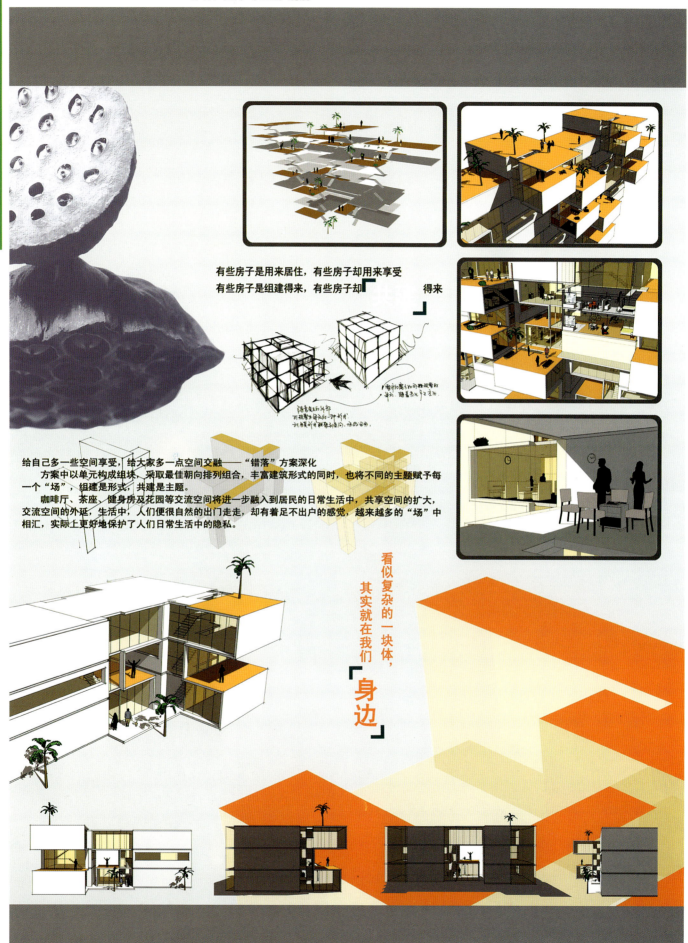

作品名称：时光魔方

作者：胡熠

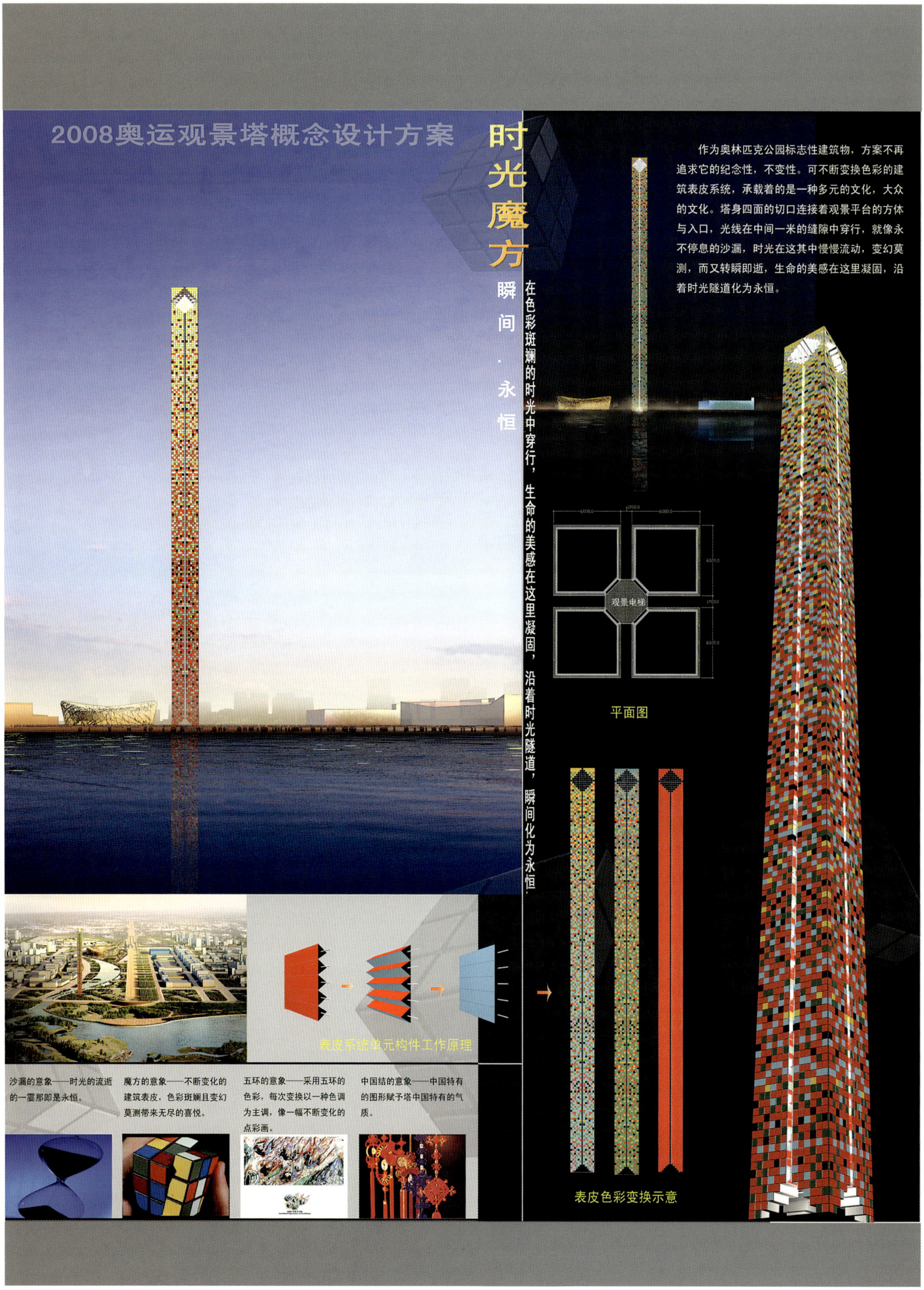

时光魔方

2008奥运观景塔概念设计方案

瞬间·永恒

在色彩斑斓的时光中穿行，生命的美感在这里凝固，沿着时光隧道，瞬间化为永恒。

作为奥林匹克公园标志性建筑物，方案不再追求它的纪念性、不变性。可不断变换色彩的建筑表皮系统，承载着的是一种多元的文化，大众的文化。塔身四面的切口连接着观景平台的方体与入口，光线在中间一米的缝隙中穿行，就像永不停息的沙漏，时光在这其中慢慢流动，变幻莫测，而又转瞬即逝，生命的美感在这里凝固，沿着时光隧道化为永恒。

平面图

表皮系统单元构件工作原理

沙漏的意象——时光的流逝的一霎那即是永恒。

魔方的意象——不断变化的建筑表皮，色彩斑斓且变幻莫测带来无尽的喜悦。

五环的意象——采用五环的色彩，每次变换以一种色调为主调，像一幅不断变化的点彩画。

中国结的意象——中国特有的图形赋予塔中国特有的气质。

表皮色彩变换示意

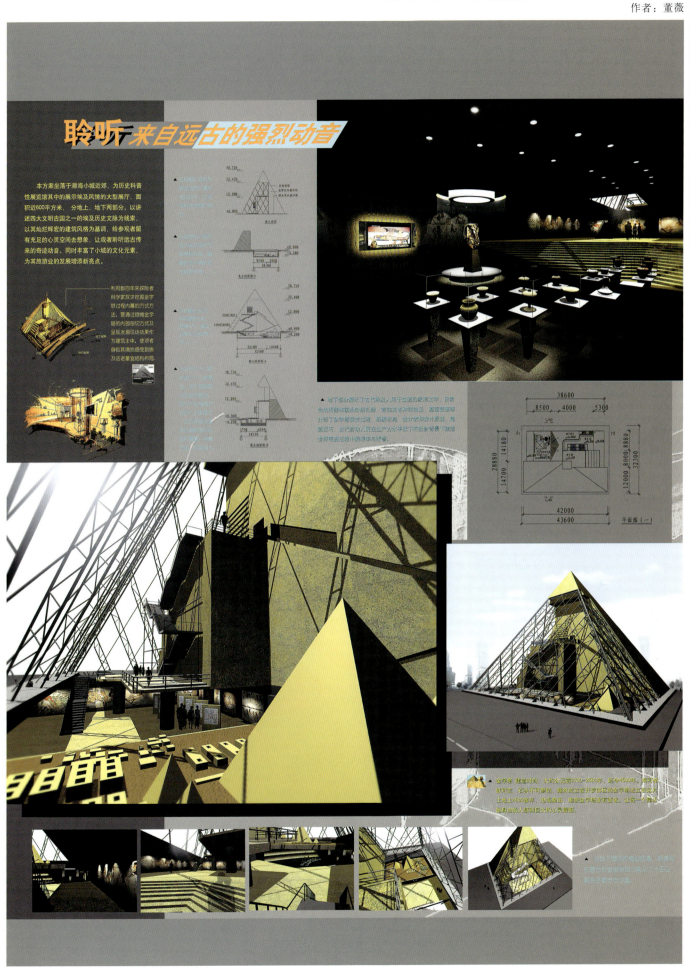

作品名称：构室

作者：梁涛

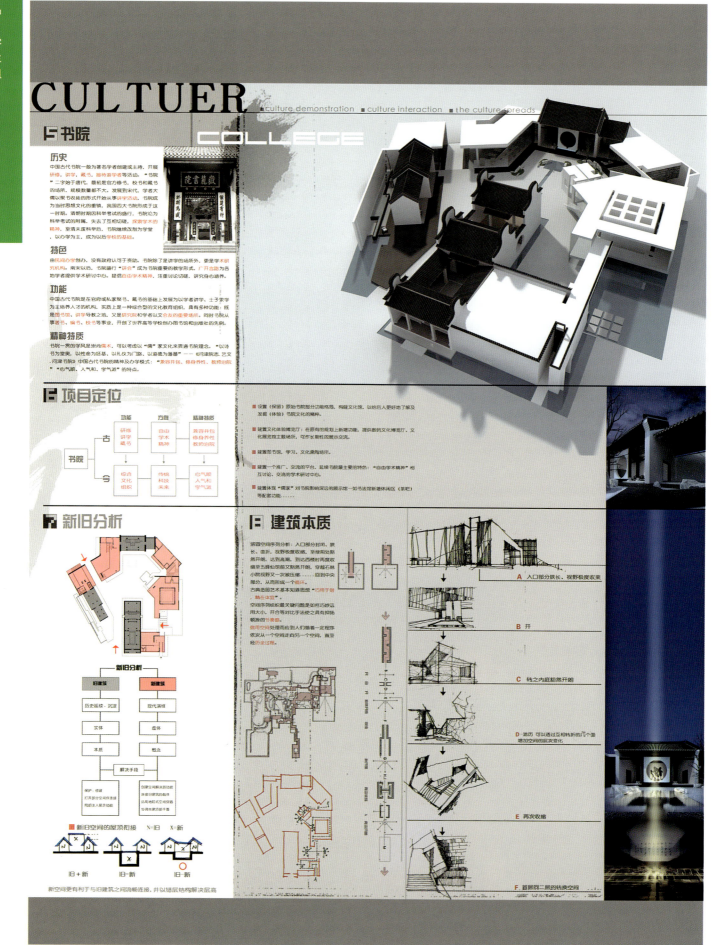

作品名称：肇庆休闲度假装置设计

作者：黄展鹏

作品名称：西双版纳州宾馆

作者：周稀 刘阳 舒丹

傣楼民居的精神延续
—— 西双版纳州宾馆

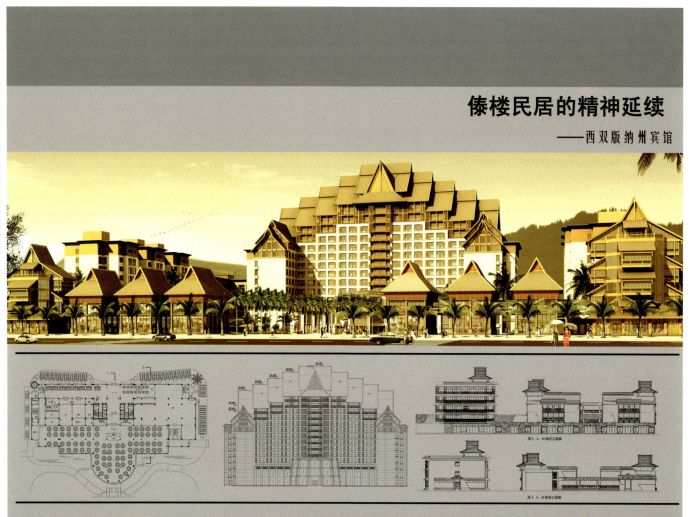

研究类型：建筑景观
委　托　方：云南省西双版纳宾馆
设　　　计：湖北美术学院环境艺术研究所
　　　　　　武汉七星设计有限责任工程公司

　　西双版纳，地处云贵高原，是各少数民族长期聚集、居住并形成独具特色的旅游胜地。
　　西双版纳州（五星级）宾馆的构建预想，将推动西双版纳的旅游市场发展，使之转化为具有特色文化的品牌。在西双版纳州（五星级）宾馆建筑规划设计上，方案重视市场调研，尊重少数民族的文化特性。在提炼傣族民居风格的样式设计中，强调对民居建筑符号的提取与表达，注重建筑风格地域化的现代空间功能与表现。

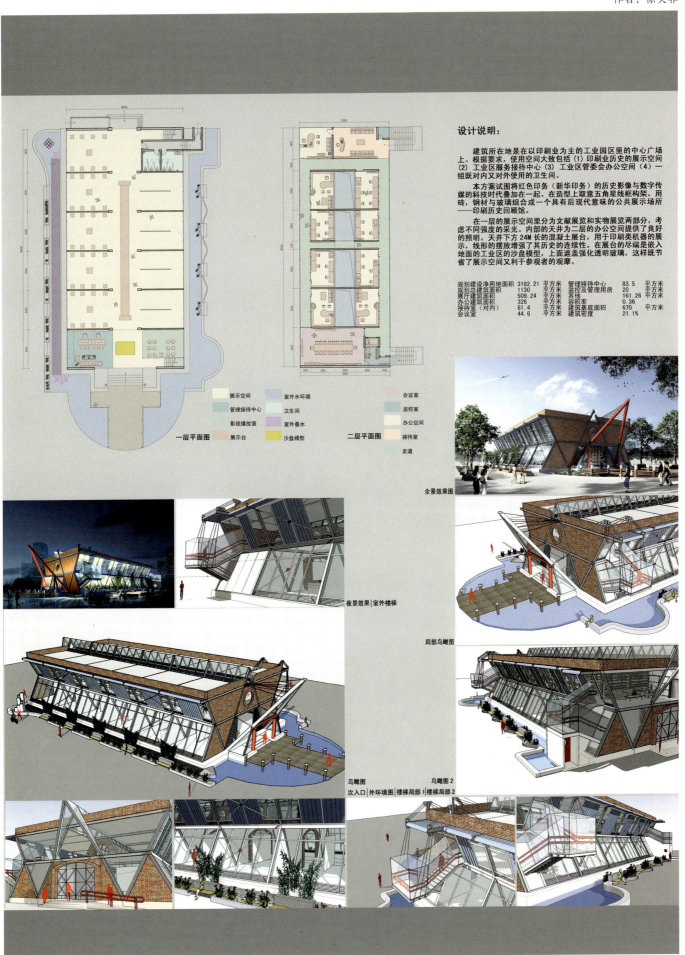

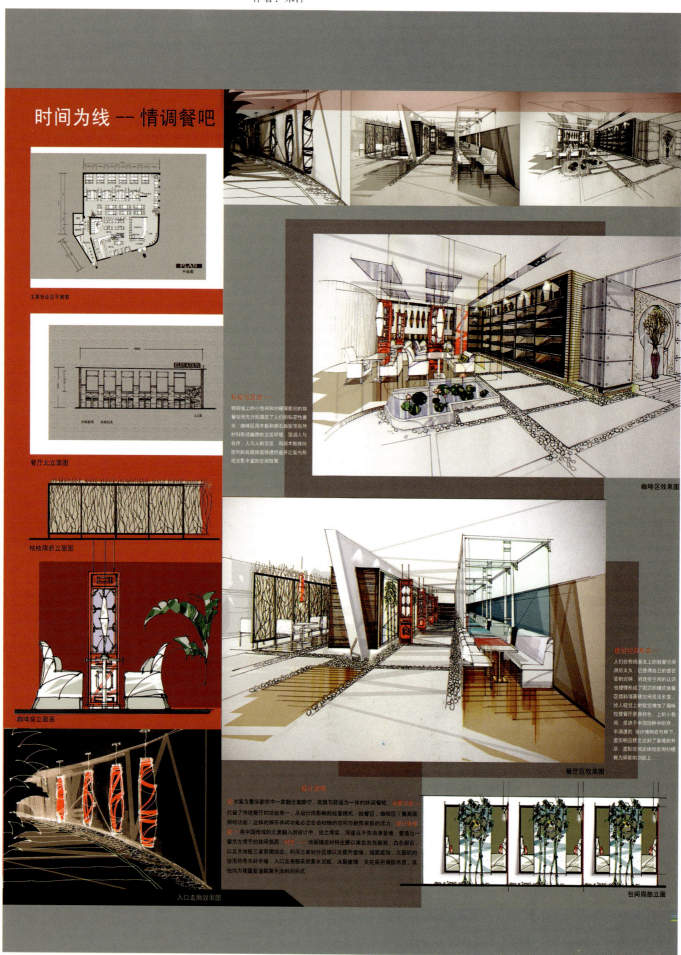

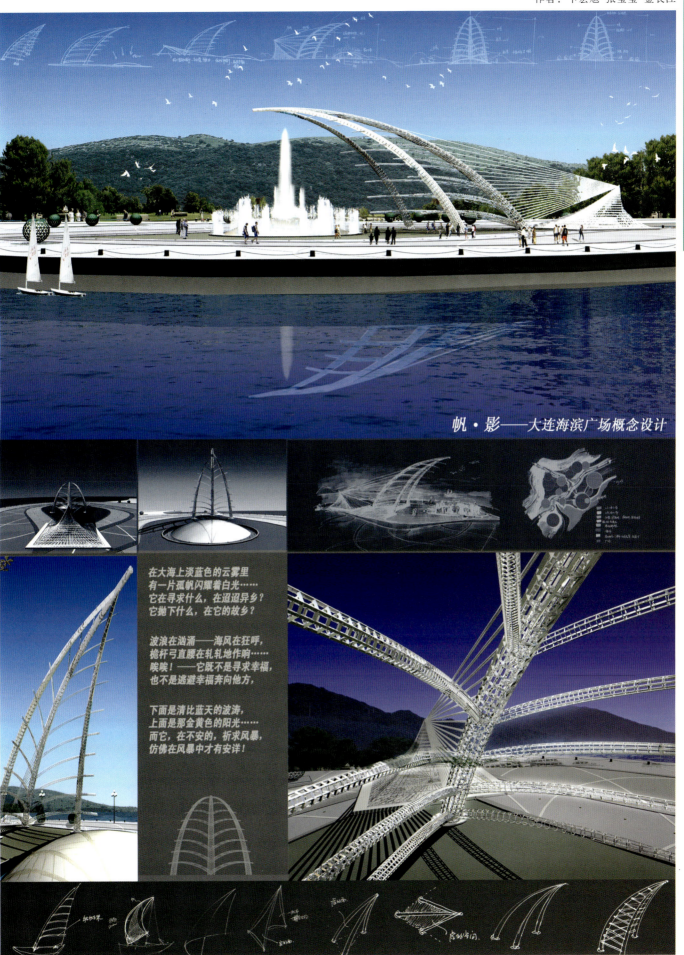

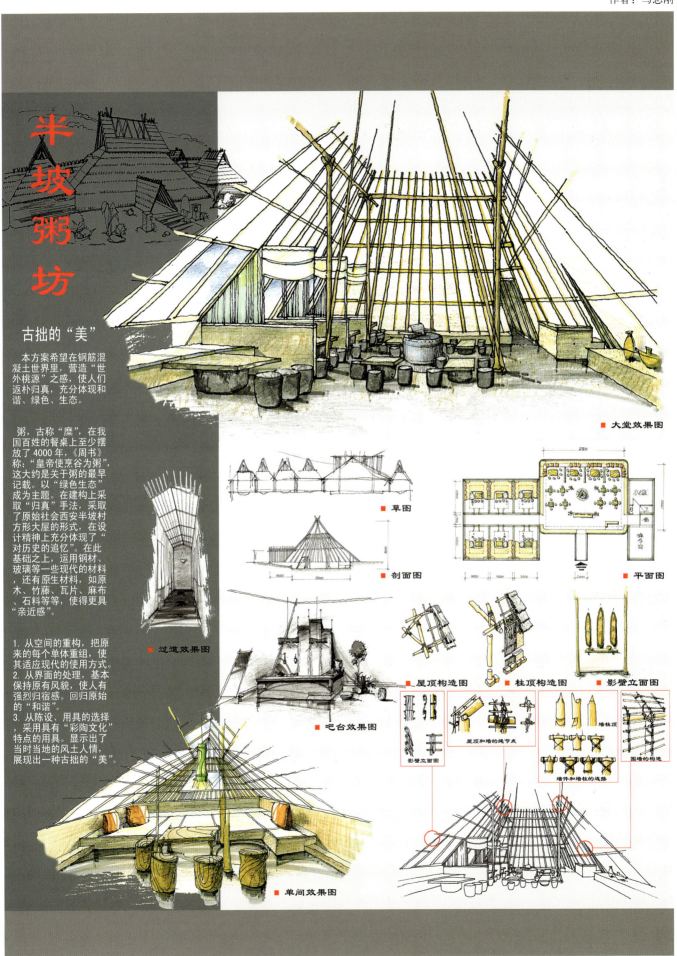

DESIGN FOR CHINA

2006 最佳概念设计作品
最佳手绘表现作品

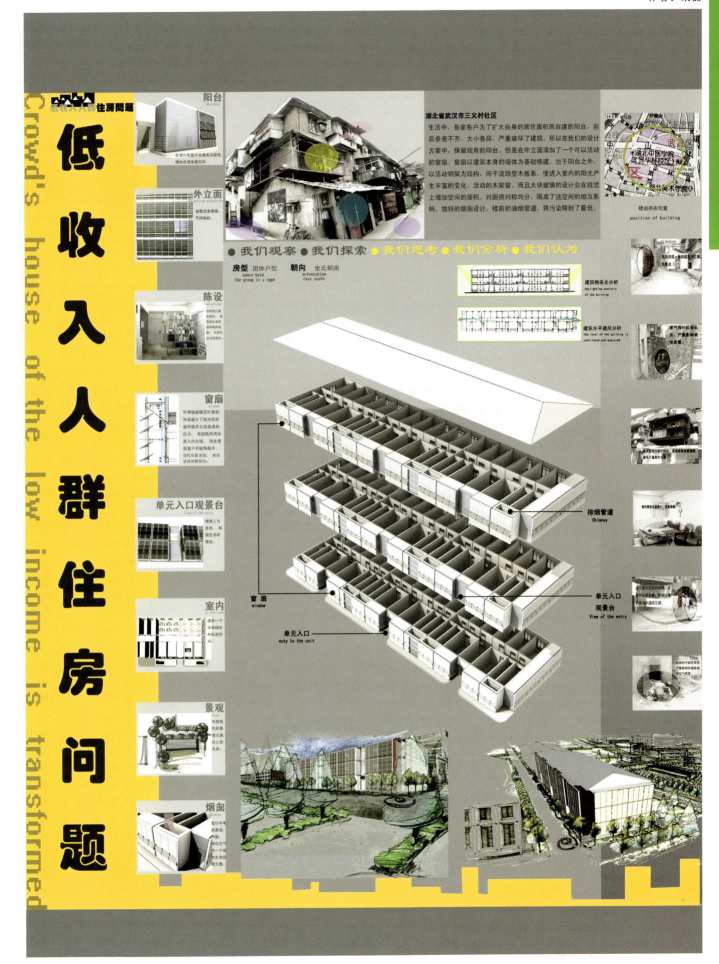

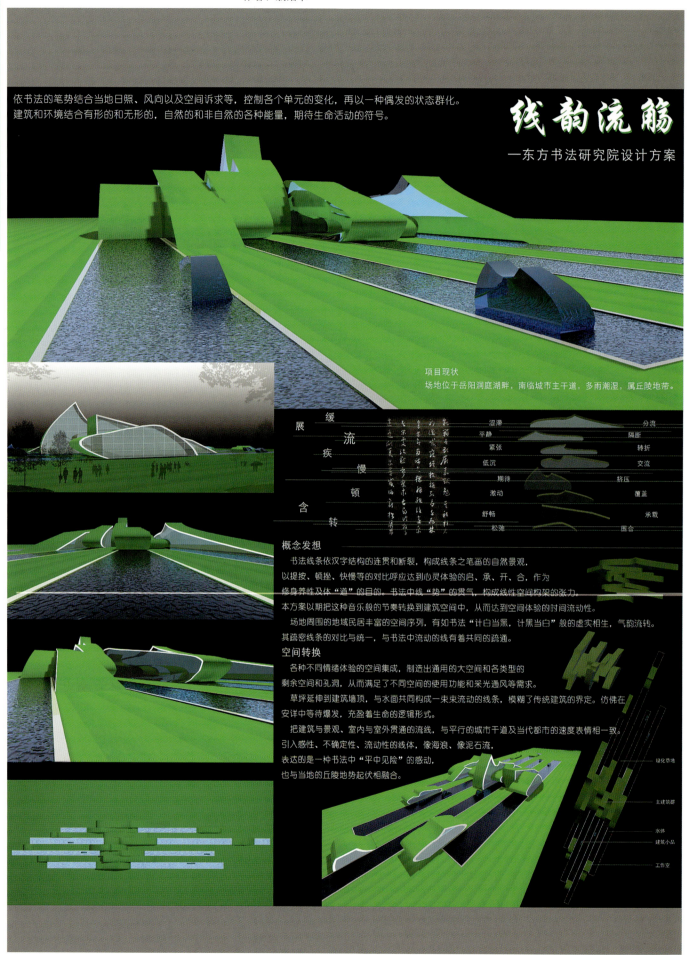

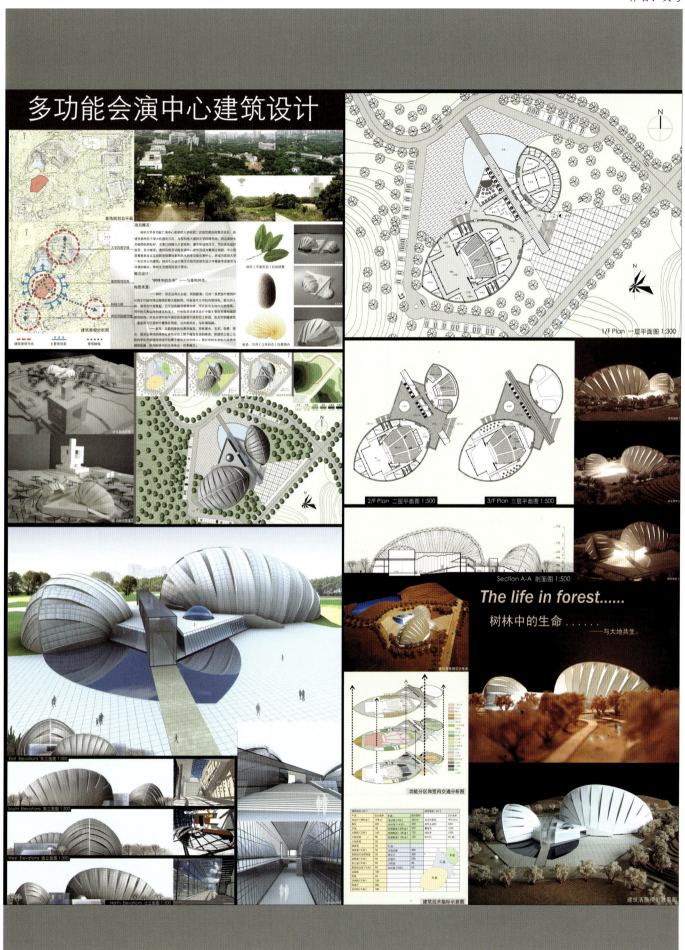

作品名称：厦门石头山公园修建性详细规划

作者：陈天送

厦门石头山公园修建性详细规划
SHITOUSHAN GONGYUAN XIUJIANXING XIANGXI GUIHUA

作品名称：森林再生——丹霞山灵溪河森林公园

作者：洪海讯

森林再生

丹霞山灵溪河森林公园
面积：100000平方米

DESIGNING BECLARATION
设计说明

与灵溪河相对应的是处于半山的一条蜿蜒的栈道，不过两米来宽，边上还有一条人工小溪，人行道仅容两人侧身通过。这种线性轨迹，空间文章不好做。只是栈道依山形变化而变化，局部不规则，有的地形高差变化，有的是一棵古树，有的是一两块有型有款的巨石，有的与山下溪流相对应。栈道全长仅1.8公里。于是，结合这些变化，我们选了十八处有文章可做的凑了十八个景点，并围绕这十八处景点特有的自然环境附会了十八个主题，如"渔樵问答"、"平沙落雁"、"松下童子"、"闲亭观雨"、"十里蛙声"、"灵龟出洞"等，极大的发挥了"文学"功能，为纯自然景观带来些人文的遐想，并为漂流者和导游者的表演带来丰富的素材。

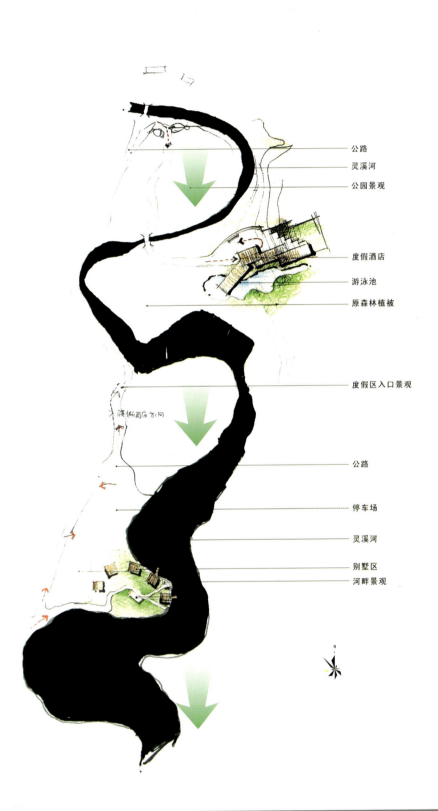

- 公路
- 灵溪河
- 公园景观
- 度假酒店
- 游泳池
- 原森林植被
- 度假区入口景观
- 公路
- 停车场
- 灵溪河
- 别墅区
- 河畔景观

最佳手绘表现作品 专业组

作品名称：绿地居民

作者：李江

GREEN HILLMAN

绿地居民
度假村酒店设计

说明：

本设计为度假村酒店设计观念是在尊事自然、顺应自然、保护自然、利用自然、营造人与自然和谐相融的生活环境基础上形成的，设计的中心思想是绿色，环保、节能与自然融于一体，促进人与自然的亲和。设计的主体为体现民族的建筑风格参考了我国历史上据有"风调雨顺"寓意的楼阁，选址为向阳的山坡，不湿不燥，通风自然，光线充足，建筑外壁采用大块玻璃，朝南可观自然风景，北部是茂盛的山林，人们可在房间内吸入充分的离子氧气，可称为天然氧吧，南侧的平台上种植小型即有观赏和保健作用的植物。利用太阳能做为能源，是考虑到更有效的利用自然界可再生资源，节省不可再生资源的消耗即保护生态又减少污染，提倡从生态学观念规划人类生活，将人这自然资源中的一部分合理的组合到自然环境中去。

本园区位于建筑主体正前方，平面规化为环形放射状，运用"S"形曲线同时提取中国古代的阴阳双鱼图。寓意着旺盛的生命力。其功能包括景观休息区，景停留观赏区，水景区，路网，并运用植物不同高差及自身独有的特性形成良好的层次感观与周围茂盛的山林达成自然和谐人造景观。

最佳手绘表现作品 学生组

作品名称：易琮岛建筑规划设计

作者：邓明

易琮岛建筑规划设计 BUILDING LAYOUT AND DESIGN OF YICONG ISLAND

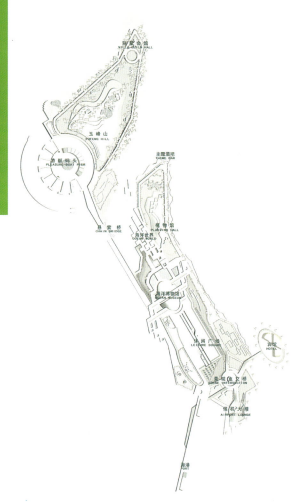

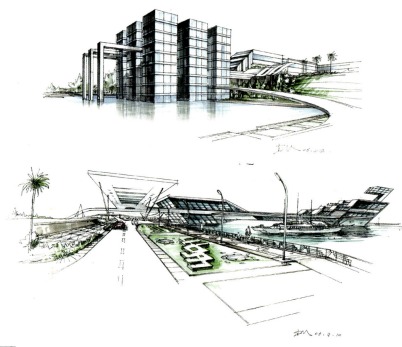

引

"易"谓之变"琮"释为地。"易琮"则为变化大地之意。故有"是故易有太极，是生两仪，两仪生四象，四象生八卦。"

碧波万倾．涟漪重生，形态万千，易琮据万态之原点，携碧波之中心。

思

以中国文化风情作为建筑规划主脉，采用中国传统图腾纹饰作为形式，结合岛原始自然生态特征，营造一种文化旅游相结合的度假胜地。使人在旅游休闲的同时领略中国传统文化精髓。

怡琮岛建筑规划设计 BUILDING LAYOUT AND DESIGN OF YICONG ISLAND

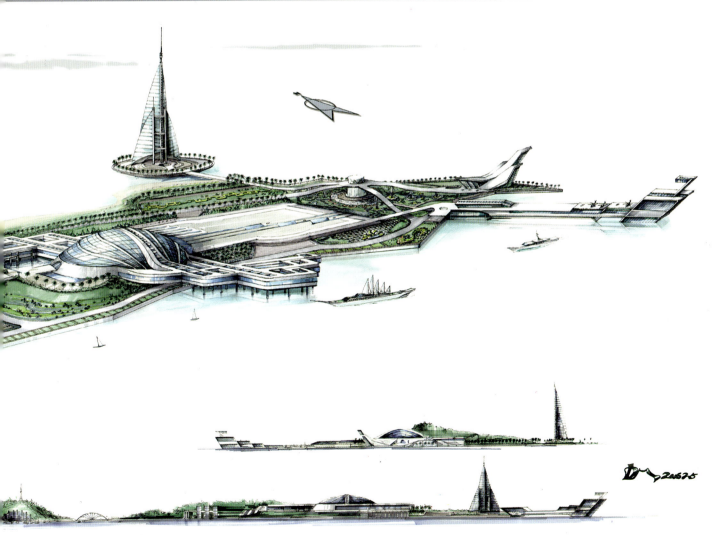

作品名称：青岛海洋世界极地馆深化设计

作者：李博男 尹航 李淼

青岛海洋世界极地馆深化设计 DESIGN FOR QINDAO OCEANWORLD POLARIUM

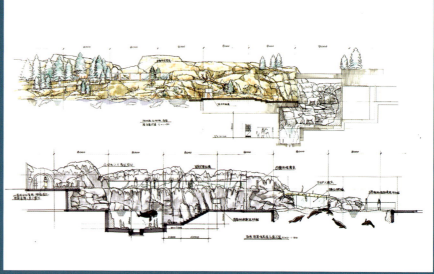

青岛海洋世界是具有驯兽、科普展示及动物表演等多功能性的以海洋生物为主题的海洋馆。其中包括热带、温带和寒带的海洋生物。海洋世界内的极地馆主要展示生活在南北两极地区的各种海洋生物。极地馆内的环境是以南北两极的自然环境做为参照设计的，整体环境在满足极地动物对生存环境需要的同时，营造出一种即真实又梦幻的场景。整个设计思路围绕着冰雪展开，突出表现出冰雪的晶莹剔透和神秘感，让参观者在真切的感受到极地环境的同时又能产生无尽的想象，对瑰丽的海洋充满兴趣。

考虑到目前国内海洋馆的现状和游客的心理需求，在海洋馆具有一般的参观和动物表演等功能区域外，充分利用了一些极地海洋动物的生活习性和生存环境，把游客的参观范围扩大到了极地动物的生活区域内。在馆内做了一些模拟真实的极地自然环境并把极地动物放入其中，在必要的安全措施的保护下游客可以进入其中，充分感受和观察平时距离非常遥远的极地动物。

在这个过程中人和动物的活动都会让对方真切的感受到并让双方产生互动，可以让参观者进一步了解极地动物，增加了参观的趣味性。

整体的设计始终围绕着海洋进行，利用于海洋密切联系的动物和其他物品做为空间的造型元素，让人们有置身海洋之中的真切感受和体验，体现出了人们对海洋的向往和现代人对海洋的理解。

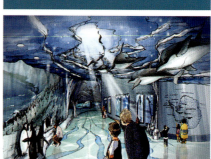

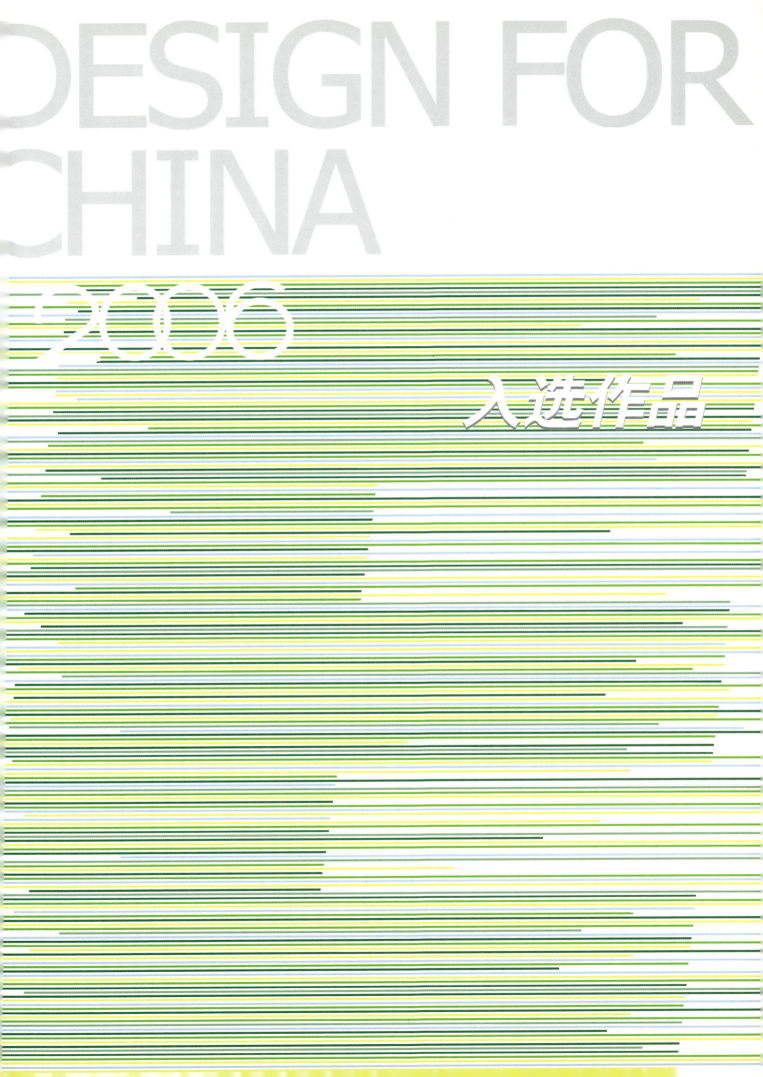

入选作品 专业组

作品名称：花溪祭祖文化园

作者：贵州天海规划公司

花溪祭祖文化园

1、总体鸟瞰图
2、蚩尤园鸟瞰图
3、蚩尤园牌坊效果图
4、祭祖园大门效果图

设计说明：
以高原民族祭祖文化为切入点、弘扬民族文化为目的，以贵州各主要少数民族的历史沿革、民族风情为主要展开内容，辅助以旅游休闲、商务会议、教育培训等多种服务内容，具有协调的功能布局、完善的设施配置、宜人的自然景观环境，集历史人文、民族风情、文化体验、休闲娱乐、商务活动为一体的综合文化旅游区。

作品名称：南京新街口"中国著名商业街"地标设计

作者：季峰

尺度
略高于成人的尺度，具有良好的亲和力；
视觉中心停留在字牌上，起到强化地标的作用；
作为公共空间，需要提供孩童玩耍及合影留念的位置；
游客的反复触摸可以加强材料的质感和作品的光泽。

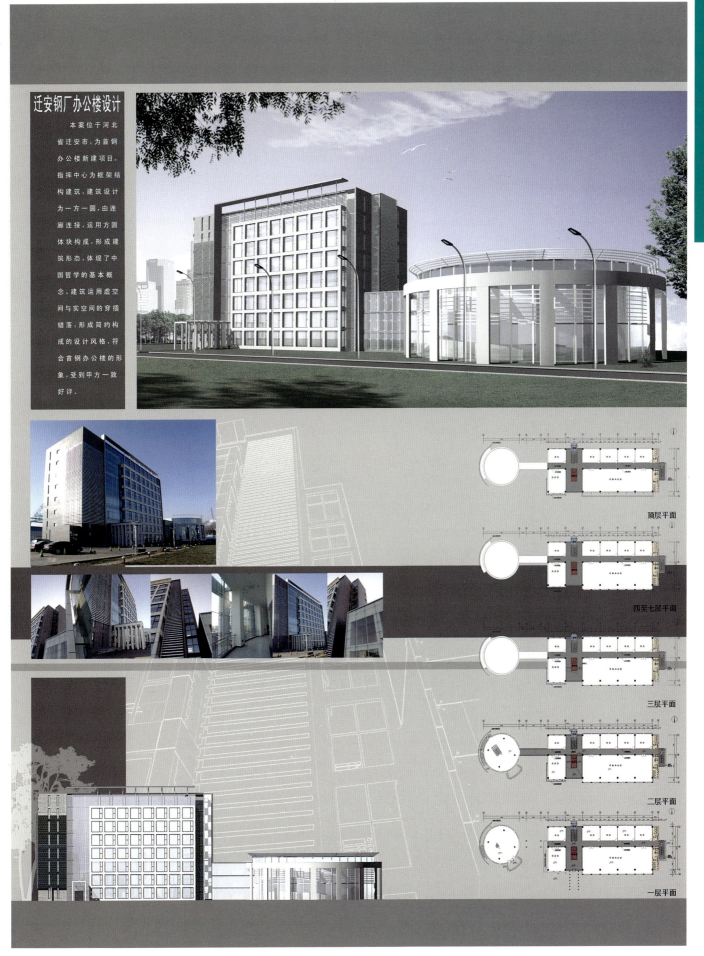

作品名称：新现代主义风格在教育建筑室内设计中的尝试
——西安电子科技大学图书馆室内设计（中标方案）

作者：李浩 韩放 林毅然 林慧峰 范世誉 李鸣

入选作品 专业组

1、新校区鸟瞰

这是一个步入2006年新春伊始的设计方案竞赛中标项目，也是在"科教兴国"方针感召下各地高校以合并和扩招为背景引发的新校区建设春潮中的一朵浪花。

西安电子科技大学新校区图书馆位于3000亩新校区的中部，总建筑面积36000m²，充分体现了现代主义之后新建筑的设计特点。四层的建筑极为现代但整体充分体现空间的自由性、连惯性和一体性，主张"开放布局"。

西安电子科技大学在全国2000多所大学中综合排名前50名，是全国211重点大学，55个设立研究生院的大学之一。其学科特点均为高科技和现代前沿技术。因此，我们在进行室内环境规划设计时充分考虑到这一特点，在内部空间风格的把握上与新的建筑设计保持一致，采用了新现代主义风格。"新现代主义"完全依照现代主义的基本语汇进行设计，仍以理性主义、功能主义、减少主义为设计原则，由于象征主义和个人表现因素的加入，其设计既有现代主义简洁明快的特征但不像现代主义那样单调而冷漠，又不像后现代主义的漫不经心，是严肃中见活泼，变化中有严谨。深受业主及设计师喜爱。

西电图书馆的总体设计原则为"在创新精神和人文特色的基础上、在前卫、开放、轻松、灵活的气氛中体现严谨、体现实用、体现校园的优美和西安电子科技大学的文化氛围。"

新校区总体规划的最大特色是在用地中部将图书馆、行政办公大楼、科研中心、学生活动中心等学校的各类公共空间用连廊、巨大的整体造型构架式顶架连为一个长约1.1公里的"巨构"式主楼，"巨构"将用地一分为二，前一半是以一幢幢教学楼为主的教学区，后一半是学校的学生宿舍等后勤区（上图）。

注：1、2两图为建筑设计院设计

2、图书馆外立面

3、卫生间概念图

新建的图书馆建筑位于"巨构"建筑群的中心区域，总面积36000m²，高度四层，建筑形式虽极为现代但其外观并不像许多现代建筑一样为封闭的方盒子，而是"墙"的边界充分凸出凹进，增加外墙边界的长度，室内与室外空间互相渗透，互有交集，并且与水面、绿化、天空互相交融。这种做法使得图书馆的主要空间阅览室三面以落地玻璃与室外空间保持"沟通"，阅览室与阅览室之间形成一块嵌在它们之间的水面或绿化空间。

4、中庭、休息及走廊

5、主门厅

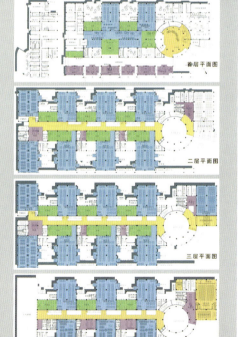
首层平面图

二层平面图

三层平面图

四层平面图

新现代主义风格在教育建筑室内设计中的尝试
——西安电子科技大学图书馆室内设计（之一）

99

作品名称：晋城市图书馆方案设计

作者：赵劲松 王平

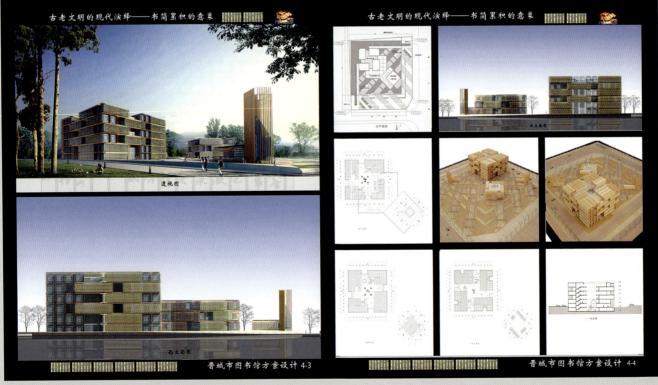

作品名称：重庆市图书馆室内设计

作者：尹端 周勃 谷江

作品名称：辉庭日本料理店设计方案

作者：廉久伟 张雷

作品名称：太原钢铁公司生活服务区建筑设计

作者：施济光 张强 李科 邢朝艺

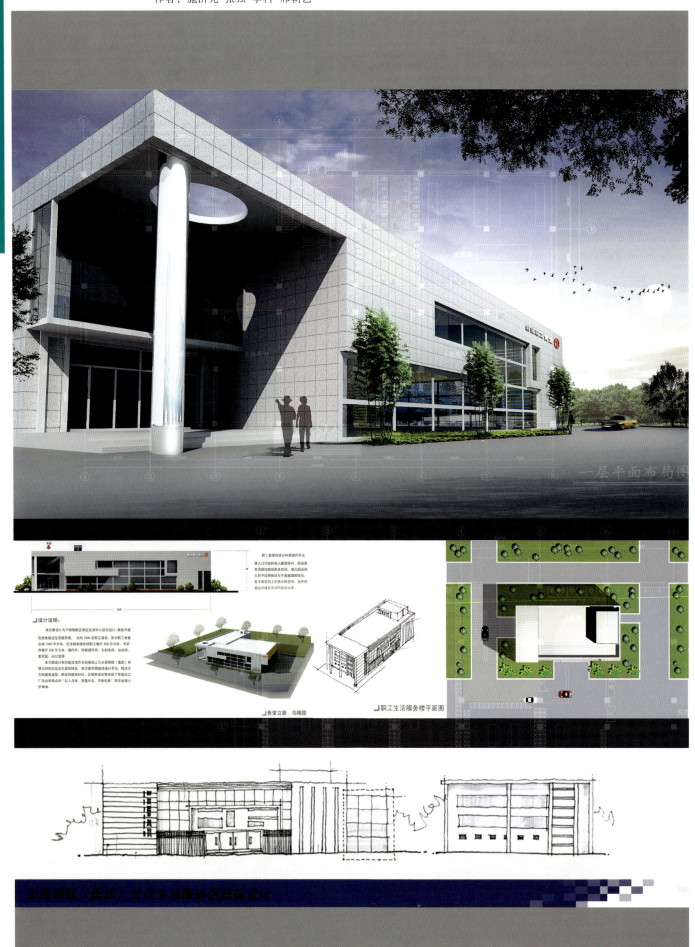

作品名称：楚天传媒大厦

作者：周军 王娟

楚天传媒大厦概念设计
Chutian Media Tower Architecture Concept Design

2. 设计理念与立意

理念之一 一个荆楚文化的载体

火为人们带来了生生不息的联想。楚人自古崇拜火，图腾的崇拜反映了祖先对火的感情。而武汉素有火炉之称，地域造就了武汉人火辣辣的热情和风风火火的进取精神。

凤凰是楚文化的图腾象征，楚人选择了凤凰来象征民族精神，这是楚人的思维"天"性与大气。如今湖北人同样视凤凰为湖北人文精神的代言人，并借此来树立湖北新形象，培植现代湖北人文环境、理想和性格。

设计由火与凤凰的神与形中得到创作来源而选用了这样的造型。希望楚天传媒大厦能成为楚文化的一个载体，凝聚楚人的高远志向、浪漫天性、火辣热情和开放进取的精神。

理念之二 一个新生希望的象征

楚天传媒大厦基地处东湖风景区附近，由东湖对岸的水生物研究所处看去，大厦隐约于丛林之中，犹如凤栖枝头，正应了屈原《离骚》里的"凤皇翼其承旃兮，高翱翔之翼翼"之意境。

网络媒体是传统报业发展到网络时代的必然产物，它脱胎于平面媒介又有别于母体，是一个新生的事物。

即将新建的楚天传媒大厦是为适应这个时代需要而产生，是这个新兴产业的见证。它如同破土而出的嫩芽，充满了希望。

楚天传媒大厦概念设计
Chutian Media Tower Architecture Concept Design

概念之三 一个社会现状的印象

日益全球化的大众传播改变了人们日常生活经验的内容，改变了时间和空间的关系，实现了思想的自由交流，使得不同文化产生了交流、融合与碰撞，最后达到了一种和谐共生的状态，共同推动着人类社会的进步。

传媒在现代社会所具有的鲜明特征已为传媒大厦的建筑创作提供了一各很好的参照面，传媒大厦的设计应成为传媒社会特征和精神的一种体现，并为传媒的发展带来新的活力。

建筑语言对传媒特征的理解和表达。

在用地不富余，限高70米，总建筑面积66000平方米等条件下，对建筑形体的进一步的分析和调整。

深化设计中体现以人为本的设计、生态的理念。

主要技术经济指标
1. 总用地面积： 18000 m²   5. 建筑占地面积： 4
2. 总建筑面积： 65698 m²   6. 容积率： 3
3. 地上建筑面积： 41212 m²   7. 建筑密度：
4. 半地下建筑面积： 10956 m² 8. 绿化率：
   其中半地下车库面积： 6236 m² 9. 停车位

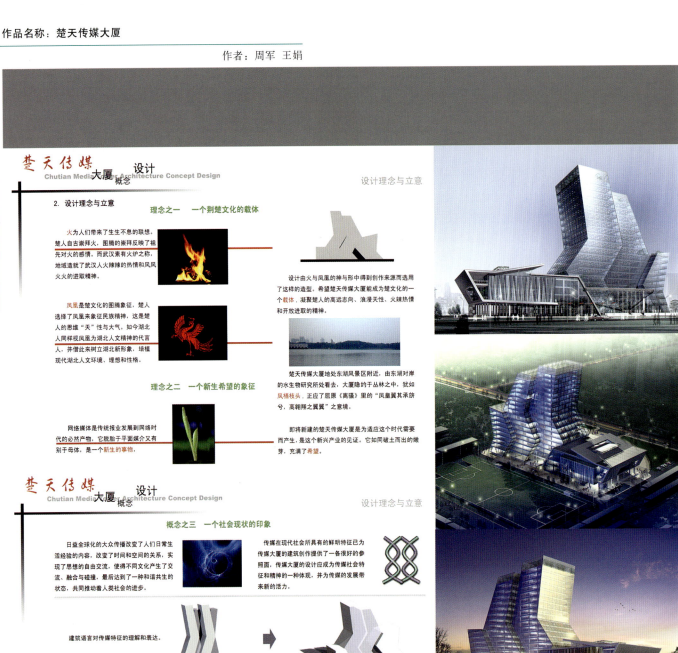

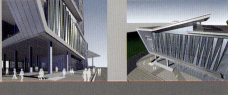

作品名称：济南雍福会会所设计

作者：张炜

作品名称：济南东成西就餐厅设计

作者：周平　张炜　周勃

山东济南东成西就餐厅设计把现代感融入了古典，基调是简约的古雅，设计层次分明，错落有致，线条简单，但却给人以视觉上的中国感受。轻盈的帘幔，剔透的灯饰，沉稳的中国红，一切都散散发着似曾相识的古韵，但它的视觉呈现则是现代的。

□餐厅总服务台

作品名称：教育设施空间设计与建筑改造　　作者：张旺

沈阳大学艺术学院画室外建改造和景观设计说明

本设计是在库房室内结构改建之后，室外的房顶一侧斜棚面采用扣板封顶。另一侧则采用透明玻璃封顶。

外立面旧墙体保留，原库房两侧为入口，改建后封闭。在主体墙改建一个出入口和凸出一个阳台。全部采用钢架结构，用单反玻璃封闭。入口和封闭阳台为悬空式，距离地面为45厘米。在室外的视觉效果为：玻璃与旧墙实体形成透明和封闭的对比关系，墙体依然陈旧，而单反玻璃在夕阳落日余晖下耀目而照人。

画室前规划一个小休闲广场，创建一个白钢哑光材料制成的圆形景观。形成整体规划中的一个视觉中心。荷花水池的设计，受启迪于朱自清的散文"荷塘月色"，荷花春、秋、冬呈不同颜色，展示着不同季节的变化。阳台一侧堆放一些自然的山石，增加整体景观的自然效果，也使阳台内的人们联想到城外的自然景象。山石、水塘、植物的自然景观和人为的艺术景观构成了整体的人文景观。

↑ 沈阳大学艺术学院画室外建改造和景观设计

沈阳大学艺术学院画室改造空间

↑ 画室外建改造局部

沈阳大学艺术学院画室改造及空间设计说明

本设计是沈阳市市政府把原市商业局的商品储藏库房划拨给沈阳大学，作为教育设施空间。目前该库房全是清一色的斜棚式库房。在规划中，保留几座库房，通过改造，成为画室或工作室。从整体规划上看，改建显然要比新建经济、简单。对于做画室就显得更加实用。目前，创新、改造、修复是国内外建筑及空间设计发展的一种趋势，把旧建筑改作教育设施，也是该区域所具有的历史延续性（库房距今已有五十多年的历史）。原有的建筑旧貌换了新颜，也蕴涵着过去的记忆。并改造着这些记忆。正如威威·奇伯菲尔德所说"我们不应沉溺于新世纪的阳光，正如我们不能隐藏在从前憾意的记忆中。我们必须面对不断发展的现在"——有变化的机遇也有历史经历的沉重。

在改造中，原库房房顶可以拆除（原有钢梁可以到焊重新利用）。把房顶重新建成两个斜面采光顶，使空间采光面积增大。除中间立架为钢筋混凝土以外，其余全部为钢梁结构。棚面由原来的旧地板再利用。

在另一侧墙，用钢梁结构成一个空透式长廊，用于学生的习作展览和教师评比作业。

作品名称："曲靖旧城"恢复性建设概念方案

作者：昆明欣友装饰公司

入选作品　专业组

入选作品 专业组

作品名称：泰达时代售楼处

作者：邱景亮

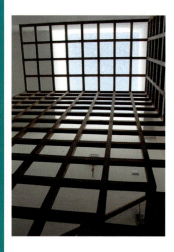

作品名称：七间房·房子中的房子——园院中的办公室

作者：沈康 彭海浪 王果

作品名称：美术馆设计方案

作者：周政

入选作品 专业组

作品名称：香当当餐馆

作者：吴江

入选作品 专业组

香噹噹餐馆

物化时尚效果

时尚是业主提出的唯一要求。在有形的实体空间中物化无形的时尚概念成了这次实践的主题。时尚是什么？如何表达？一时有一种无方向的感觉。赫尔佐格与德梅隆说："时尚是塑造我们的感觉的实践，时尚表达了我们的时代。它是一种视觉的效果，一种可体验的氛围和瞬间内本质的把握。"他们注重时尚的理念让我懵懂而兴奋。

同样外立面的处理也受到了他们关于衣服与建筑表皮关系的言论影响，我把它实践为"戴一副平光眼镜"。钢骨架脱离原有建筑的依附，形成了一个半实半虚的独立空间。因面北方向，可采用大面积的玻璃。透明性产生了室内外空间的直接对话。室内的结构、色彩、灯光以及人的活动一览无余，室内的人同样感受到街道的川流不息和时间、天气的变化。公开的互动也许是时下的一种时尚吧。室内的塑造还是依托材料、色彩和灯光，只是比以往更注重效果和形式。黑色的墙面成了背景，只有圆形、矩形的镜片反射着不同角度的图像。条形的玻璃和多层板的断面重复，展示出材料的本色和对光的塑造。紫罗红的色彩或上墙或上顶，穿墙于空间当中，增加了一丝浪漫的想象。橙、兰色的灯光固定了空间范围或分离了界面的直接碰撞。悬在半空的鱼缸灵动了上下空间的交融。银色的金属珠帘和玻璃水晶珠帘产生一种细腻的迷幻。

正如赫氏所言"穿越意识、穿越了文脉和文化的层叠、直接抵达知觉。对物理和情感的直接冲击。如音乐的声音和花的香味、而不是什么意义。塑造一个能够唤起感觉，而不是具体的这样那样想法的空间，也许是物化时尚空间的最好法则吧。"

作品名称：重庆东部茶园新区苦溪河生态景观

作者：韦爽真

作品名称：广州兴华软件研发有限公司

作者：吴楚杰

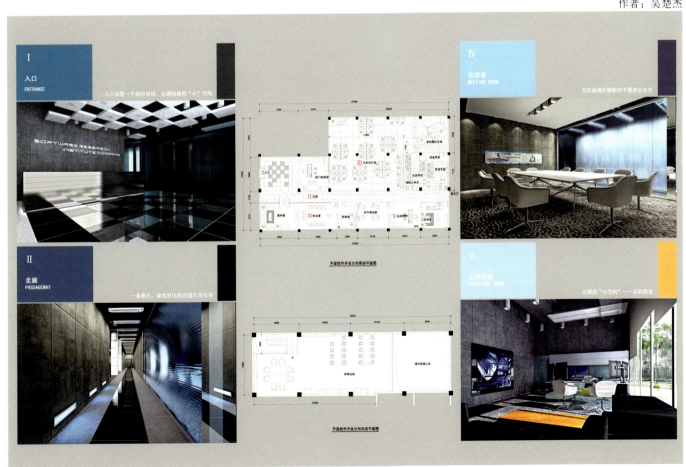

入选作品 专业组

作品名称：时尚成就风格

作者：无象工作室

作品名称：浙江桐庐红楼之星样板房及售楼处

作者：洪铭华 马辉

作品名称：台州国际酒店

作者：曾芷君 蔡文齐 吴瑶君

入选作品 专业组

作品名称：宝胜园（珠海）

作者：林学明 徐婕媛 张宁 梁建国

作品名称：辽宁中医药大学学术报告厅空间设计

作者：段邦毅

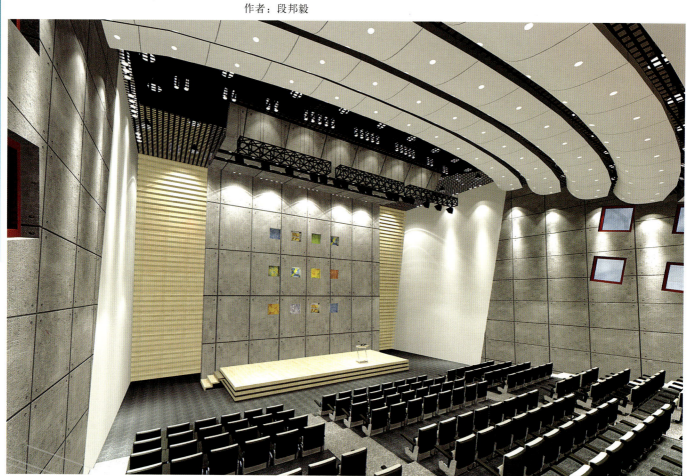

作品名称：沈阳某住宅小区景观概念方案

作者：徐文 李林

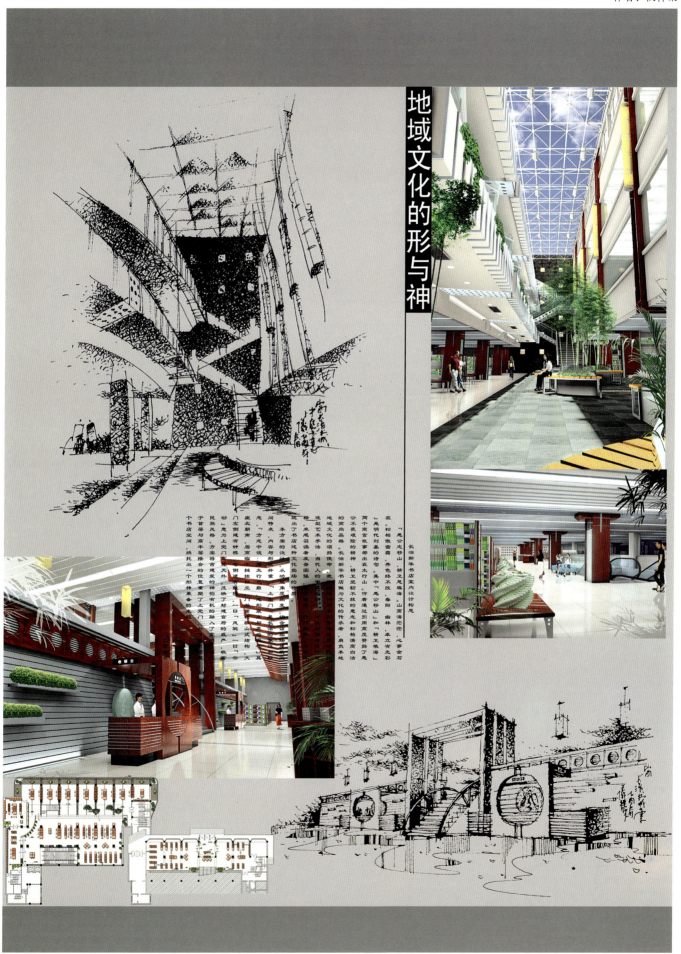

北京空间技术研究中心室内装饰设计方案
（航天921工程—神州四号飞船展厅）

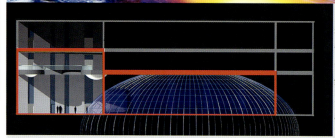

从远古到今天，人类一直渴望了解宇宙。随着人类文明的进步，我国航天科技的快速发展，我们又向宇宙深处迈进了一步。此方案以展厅的半球形为主体造型，主体色调为深蓝色，局部不规则的散布筒灯，营造宇宙和星空无限延伸的感觉，唤起人们对宇宙无限的想象。大堂空间是以展厅为中心的空间延续，以圆形为基本元素，塑造星系中天体之间的联系。

此方案通过对空间、材质、灯光照明、色彩的综合运用，充分表达了空间的性质，为神州四号飞船的展示提供了形象的空间氛围，为我们了解宇宙航天提供了身临其境视觉感受。

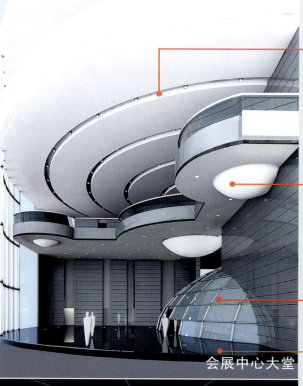

会展中心大堂

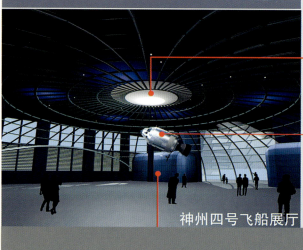

神州四号飞船展厅

结合原建筑结构扇形的屋顶楼板，做出若干层的同心扇形，扇形又是圆环的一部分，圆环是一种富有张力的造型，象征着浩瀚宇宙的银河系。

结合原建筑结构的二层挑廊的曲线造型，在每一半户形楼板的下方，都做一个玻璃钢的半球体，象征着宇宙中的天体。二层挑廊下方的吊顶上的筒灯，采用不规则的排列方法，表达宇宙中无数遥远的星体。

玻璃轻钢造型，为圆球体的一部分，仿佛一个巨大的宇宙天体已经离我们非常的接近了，吸引着我们迫不及待得进入展厅。大堂地面用黑金沙石材密拼满铺地面，地面上不规则地排列着许多的光导纤维，当人们走在大堂地面上，仿佛在黑暗的宇宙中作太空漫步。

通过巨大的宇宙天体的造型进入到展厅，展现在人们眼前的是一个巨大的穹顶，通过夸张的造型和比例给人以震撼，整个展厅空间的墙面、都采用深蓝色的涂料，配合昏暗的光线，营造出宇宙的浩瀚无边。在巨大穹顶的中心上方，用钢索悬挂着伟大的神州四号飞船。在飞船的正上方，有一个圆形的灯池造型，灯池造型较强的光线照射在神州四号飞船上，仿佛飞船以飞快的速度向宇宙深处飞去。在飞船周围以不规则的位置和标高悬挂着白色灯泡，表示宇宙中无数遥远的星体。灯泡的光线搭配深蓝色的屋顶上，形成蓝色的光晕，仿佛宇宙中的美丽星云。

在展厅的一角有一个横角的长方体，是展厅的航天影视放映厅，外表材质用铝板，仿佛校在宇宙的航天飞船。进入到里面，放映厅的墙面造型，使人仿佛走进了时光隧道。

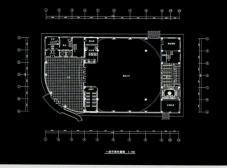

航天影视放映厅

作品名称：先锋戏剧表演艺术中心设计方案

作者：魏栋

作品名称：某酒店大堂方案

作者：颜政

作品名称：铜钱驿站

作者：鲍诗度 王淮梁 李学义 徐莹 杨敏 李佳 谢文江 葛荣

铜钱驿站

江苏沿海高速如皋服务区
环境艺术系统设计

景观设计（之一）

如皋市是世界长寿养生福地。景观水池的整体造型采用"寿桃"的形状，池内景观雕塑群采用高低错落的不锈钢块和上亿年的木化石。

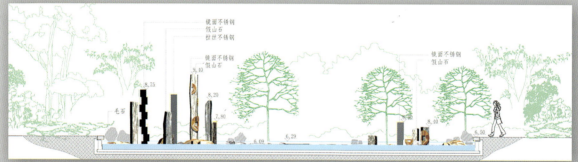

以如皋地形地貌提炼出的铜钱图案为主题，以如皋历史文化提炼出的纹样为背景，创作出一幅充分体现地方文化底蕴，且具有现代感的艺术品。

采用解构的手法，将具象的铜钱形状打散，重新组合。在表现的元素上，运用传统图形和现代几何形体的融通，色铜和和，稳重中不失轻快、严谨中又有活泼。

作品名称：昆明尚都国际水浴会所设计方案说明

作者：张毓池 张禾

作品名称：设计空间的意念表现

作者：王延军

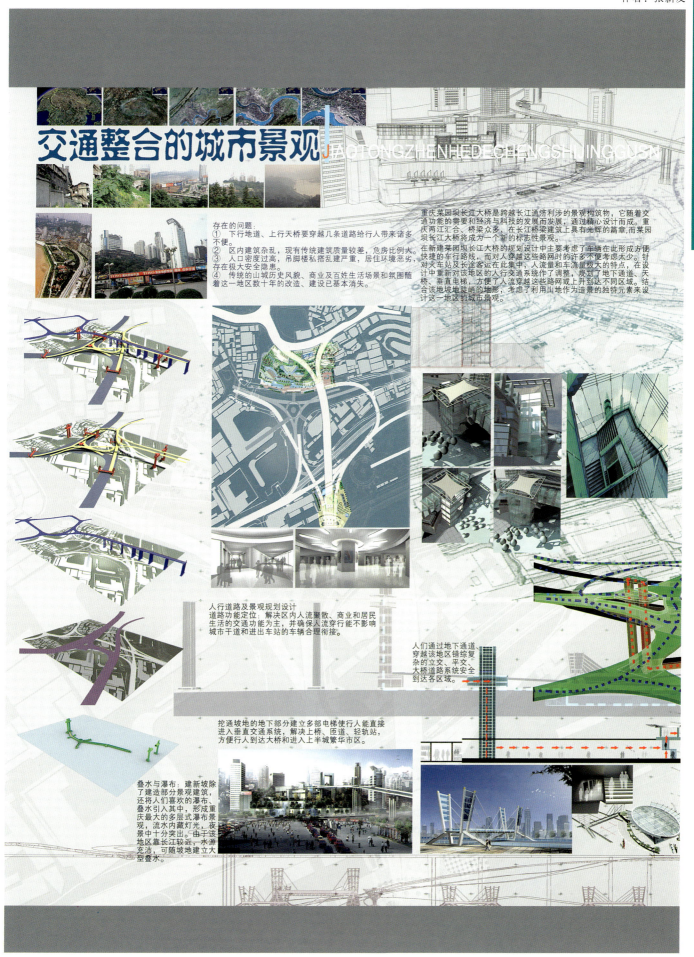

作品名称：横竖之间

作者：赵海山 赵丽丽

入选作品 专业组

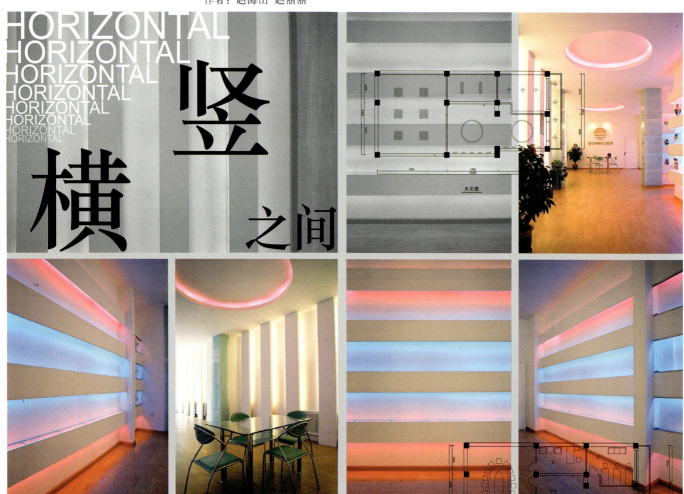

作品名称：木兰水乡

作者：詹旭军 黄学军 张进

作品名称：香格里拉普达措国家公园

作者：黄欣友

入选作品 专业组

入选作品 专业组

作品名称：中国银行股份有限公司江苏省分行中银大厦

作者：何小青 赵辉

↑ 大厅

中国银行股份有限公司
江苏省分行中银大厦

借鉴和秉承中国银行的传统氛围，室内空间应该是简洁、大气而有人文气息，抛弃一切多余的装饰和细节，表达一个现代室内办公空间的内涵和气质。色彩上选择高雅的明灰色系，这也与建筑的外部造型风格相协调。

作者：何小青 赵辉

作品名称：日神集团写字楼

作者：秦岳明

作品名称：云南昆明百货大楼人行天桥概念设计——城市之眼

作者：徐曹明

作品名称：天津天狮集团会议中心

作者：徐杰坤 洪铭华

天津天狮集团会议中心

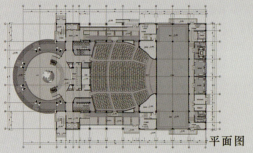

平面图

设计说明

  天津天狮集团是大型的国际跨国企业集团。捏进国际市场后，目前已经摸索出了自身的国际化道路。现拥有保健食品、普通食品、医疗器械在内的多个序列近200种产品，业务渠道辐射世界170个国家及地区，美洲、欧洲、亚洲及周边等地区的90多个国家建立了分支机构；与美国、日本、德国、马来西亚等十几个境外企业建立了广泛的战略合作伙伴关系。天狮集团在国内31个省区注册了34家天狮的全资子公司，下设近1800家专卖店。在全球，天狮拥有700万人的稳定的消费群体。天狮集团以尖端的生物技术为依托，致力于发掘祖国传统医学和养生文化精髓。

  充分领会本行业的企业特点，结合办公与会议的实际，从功能出发，充分体现"高效、快捷、实用"的现代理念，实现功能和艺术的完美结合。

作品名称：镜泊湖游艇码头广场规划方案
作者：王雄

入选作品 专业组

"为中国而设计"第二届全国环境艺术设计大展

镜泊湖游艇码头广场规划方案

景观设计原则
传统与现代、自然与人文相结合原则
保护、开发、利用并重原则
生态效益、经济效益并重的原则
景观规划建设的可持续发展原则

旅游高峰期游客每天容量：3000人
停车场面积：500平方米
文化广场：7000平方米
园林绿地：4000 平方米

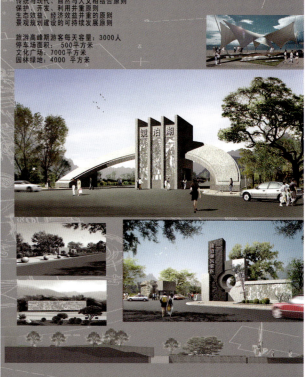

山庄中心广场设计以保留原有树木为重点，以眺望山上平湖自然美景为目标。为了体现镜泊湖游人与自然天人合一的环境特质，设计广场摒弃了过多的人工景观对游人视线的影响。设计中通过广场中心的雕塑群水体景观将左右两侧的带状树林联系起来，形成以景观为主体的休闲广场。设计中通过局部的地面高差变化、富有韵律的地面铺装及水体雕塑、遮阳膜帆等设计元素丰富广场空间，并用早晨灯光将中心广场与周边景致协调起来。广场景观分布为滨水景区、戏水游乐区、休闲漫步道、儿童戏水区、龙盘膜水区、园林景观区。阳光下漫步于广场林荫道中，畅游于山水之间，坐看平湖秀色，嬉戏身水林荫中，广场景观设计为游人营造出了可游、可观、可玩的景观空间，广场整体设计追求大气、开放和现代的整体环境品质。

130

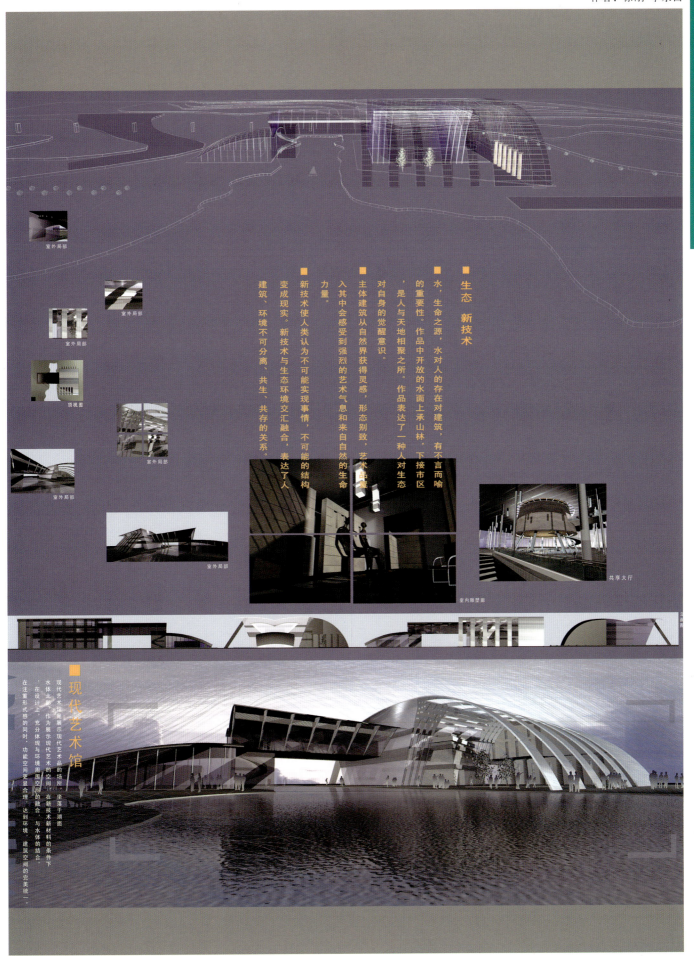

入选作品 专业组

作品名称：太湖阳光度假酒店

作者：集美组

太湖阳光度假酒店

CONCEPTS OF THE INTERIOR DESIGN

湖地区深厚的传统文化沉淀出来，再次对内意识的固定和对精神最玄妙的世界投射，使得这些个体构成了整个中国精神的象征。目的是表现富足深居体积都是中国意象型活演变，从人的自存于头脑中的东房屋面向外部到等都是文化性很强的地域形象。酒店是最一个，由于当地文化环境所沉淀下来的记忆或原始信息。圆于三角、方、中心。序们的基本手法。太湖地区有深厚的文化沉淀，每个人的内心深处都隐藏着把传统文化通过建筑的几何形志进行重组。并通过不同材质变化组合是我们借以现代的意表达方式。积极地寻传统与重新注入具有活力的地方特色策设计理念

阳光度假酒店

OUR EXPLANATION TO THE ARCHITECTURE AND ENVIRONMENT

自然环境相文织的空间特质，在室内外与使用本的一种共鸣，生成一种与太湖清秀又不失大气的手法表现出来。建筑线框形为游憩空间序列的组合，由内而外，由外而内我们以一围合"和"序列"为主线，把传统空间序列以一种令人愉悦的现代酒店内外的流线设置也有意识地与太湖沿岸生态湿地相关联，酒店形态保康清逸离有意识地与太湖沿岸生态湿地相关联，对装饰、环境的解读广阔的太湖展开，在风景秀美的江南水乡系统之中

TAIHU SUNSHINE RESORT AND SPA

作品名称：朗联设计公司写字楼

作者：朗联设计公司

入选作品 专业组

朗联设计公司写字楼

这是一个在原办公空间的基础上增建的办公室。新与旧如何衔接就成了较为重要的问题。实用+省钱+简便，是这间办公室唯一的设计原则。平面中规中矩，比较理性。既实用，也最符合公司的管理方式。只在会议室兼资料室的墙面做了6度的旋转，增加空间的进深感，活跃办公气氛。"挤"一下的感觉，较为"建筑"。实实在在，没有任何惊人之处。浓妆﹨素裹，都只是一种手法。真正合适的，才是最好的。紧缩的预算使设计变得更富有挑战性。在这里没有任何较为"煽情"的东西，罩了清油的欧松板，简单的方钢玻璃结构墙，素色粉墙，随手捻来，朴实中透出对设计的理解与追求。黑白﹨冷暖间的对比，空间界面上的穿插与构成，勾勒出空间的体积与表情。用免费的石材样板垒个台，摆个"雷镇子"。破旧的铁皮箱，也能成为一个理想的茶桌。藤编的座椅，青花的磁盆，不经意的顽皮映衬出本色中的"中国"。相信若不是对原有装修的顾念，一切还会做得更为纯粹。

入选作品 专业组

作品名称：CQL中心设计

作者：吕永中

作品名称：重庆鱼嘴新城景观设计

作者：陈六汀

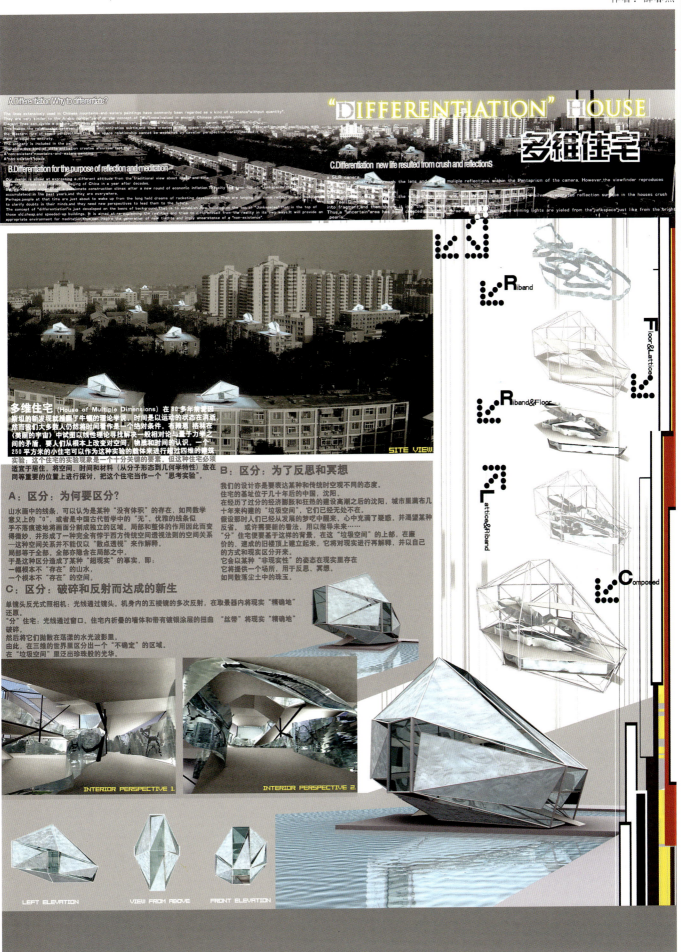

作品名稱：冼星海紀念館展覽設計工程

作者：鄭念軍

冼星海
EXHIBITORY PROJECT PLAN FOR XIANXING HAI'S MEMORIAL
冼星海紀念館展覽設計工程

主題確定：

博物館的展示形式由於內容的不同所形成的展示效果及主題表現也有所側重。這次的展覽主題是："冼星海紀念館"，冼星海是一位偉大的人民音樂家，他不凡的一生鑄成了他輝煌的成就。他是人民的兒子，他出生於番禺，是番禺人民的驕傲。建立紀念館是爲了緬懷他的豐功偉績，激勵人們積極向上，樹立愛國主義精神和民族氣概，使他的精神永存于人民心中。這是今日時代所賦予的一種使命感和責任感。我們的設計主題就是圍繞冼星海偉大的一生而展開的，每一個符號、每一種形態的運用都是爲了更完整、更突出地展示他的革命與音樂輝煌的一生。

形式風格：

"冼星海紀念館"是一個主題非常鮮明永久性展示空間。整個展館的形式以史料爲準，尤其是一些主題性的區域展區，注重時代性與史實性通過不同媒介營造出當年歷史氛圍，使人有身臨其境的感覺。用質樸、明快、簡洁的設計形式，結合現代展示設計對材質、色彩的運用，使整個形式風格具有鮮明的個性和時代感。通過聲、光、電的現代展示手段使"冼星海紀念館"的音樂感更強、更有感染力。

空間分區設計：

根據建築空間形態和現場的一些數據資料，把"冼星海紀念館形式設計要點"、"冼星海紀念館陳列內容設計書"、"冼星海紀念館版面及文字說明書"和方案史料進行細化的分解與閱讀。同時在空間的理念上建立于合理、科學、人性化的空間分區，使主題內容在空間分區中深刻體現。把各自不同的空間聯系組織成一完整的環形，使流與場的分離，聚合更合理，充分體現展覽的空間設計理念起承轉合。形態的構成根據不同的歷史時期，環境節點，突出個性化。每個區域的連接部都有一些共同的形態因素，如燈光、材質、導向系統、分區說明等。

展示空間是一流動的閱覽空間，空間的形態和構成因素是爲了更好地傳播展覽內容。因此，在區域的不同空間中，我們根據不同的內容需要通過色彩、聲光、多媒體等形態來進行空間的設計，使展示過程以不同的節奏表現達到整體高潮。整個展覽空間分爲二大區域：主要展示區、配套服務區。

作品名称：昆虫博物馆

作者：罗曼

昆虫博物馆
Museum of Insects

总体构思 Masterplan

昆虫是人们最熟悉的一类生物，它们出现在地球上的时间远比人类出现的早，已经将近4亿年，它们亲眼目睹了恐龙的兴起和死亡。

昆虫可能有3千万个不同的种类，比其他所有动物的种类加起来还多，任何时刻都有无数昆虫活着。它们的外表从且丽到奇特或美丽都有。昆虫对地球的生物很重要，没有这些小昆虫人类也不可能存在。

昆虫和其他的大型动物不同，大型动物内部的骨架支撑身体，外表则是柔软的组织、肌肉和皮肤，运作良好的骨髓构造支撑起史上最大的生物。而昆虫有着相反的构造，它们的外表是坚硬的，它们凭借坚硬的外壳保护柔软的内部，支持它们的身体。这是迷你世界里最好的设计，每只昆虫都是完美的微型机器。

所以昆虫博物馆的建筑运用了大量的钢材做建筑立面，体现了昆虫坚硬外壳这一特点，生锈的金属又充分体现了昆虫的历史性。

随着人类社会的发展，工业生产和各种污染的影响，植被遭到破坏，水土流失，直接或间接影响了昆虫赖以生存的环境，导致昆虫大量种类灭绝。昆虫博物馆座落在荒凉的构地上，建筑尽可能的避免使用木材，面大量使用石材，以防止被流失，造成资源浪费。金属钢材的使用也体现了这一点，表面生锈的质感，更加体现了昆虫世界遭受到的破坏。金属幻蜘蛛的形式包扎建筑形体，以反映昆虫场所不应遭受的伤痕累累，启人反思。

建筑的整体色彩也依依照昆虫的世界而设计，因为它们总是栖息在黑暗的角落或控制整个世界。

昆虫借助风和翅膀征服地球，所以博物馆的窗口被定义为类似蜻蜓的翅膀，以翅脉的形式联系博物馆的内部与外界，也保证自然光、空气和视线可以无限度穿透建筑。

大部分昆虫生活在热带地区，但它们的足迹遍布地球的块块大陆和岛屿，昆虫已侵入人类社会的每个角落，建筑的伸展形式也就是四面入方的。

博物馆建筑依山标座落高低起伏，效仿昆虫世界中最有想象的巢洞穴，起伏但有序。地理位置优越、独特。建筑各个部分单体拥有不同的高度，最大限度的优化建筑空间的朝向和景观，提供功能姿排上更多的灵活性。人们可从各个方面看透座建筑，同时从各个层面看到外界。

整个昆虫博物馆的设计以知识性、科学性和趣味性贯穿展馆。展示手段包括丰富的标本、生动的图片和精彩的文字说明。展厅结构包括序厅、昆虫与人类关系、昆虫文化等展厅，还备有中国昆虫大系以及多媒体播放室、触摸屏知识问答游戏区和提供显微镜、人工气候箱、各类鸣虫饲养箱其等工具的互动实验室以及包括昆虫邮票、书签、风筝、蝶翅画、各种民族典故的昆虫文化展示等特色功能区，以便更系统地介绍昆虫的起源、演化、形态特征、生活习性、昆虫家族以及昆虫种类的多样性。

考虑博物馆的展示大部是昆虫标本，为了防止光污染对藏品的破坏，除从处翅脉式窗口外，其它博物馆的中心设置一处大型外个有机形态玻璃幕墙，且充分利用这一空间定义为生态空间，供人们亲身接触昆虫世界。其他与外界联系的窗口则全部运用高科技手段，由电脑控制时起各色滤阳光作用的遮阳设备。

思考过程 Process of thinking

鸟瞰透视 Part view perspective

翅脉窗口 Nervure window

金属包扎 Metal enswathement

休憩馆中庭 - 自然生态空间 center-Eco space

自然生态空间 - 蜻蜓附建筑幕墙 Eco space - Glass curtain wall

夜景百票图 Night piece

自然庭 Domestic concourse

南立面 South elevation

北立面 North elevation

西立面 West elevation

东立面 East elevation

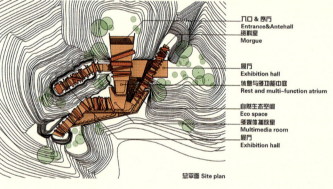

入口 & 前厅 Entrance & Antehall
资料室 Morgue
展厅 Exhibition hall
休息与多功能中庭 Rest and multi-function atrium
自然生态空间 Eco space
多媒体播放室 Multimedia room
展厅 Exhibition hall

总平面 Site plan

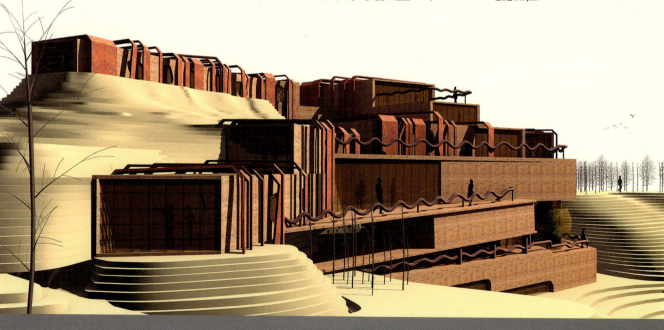

作品名称：重庆国际会议展览中心室内设计

作者：周勃　尹端　谷江

作品名称：美宝集团细胞再生理疗空间设计方案

作者：马新天　姜云霞

作品名称：江西樟树水景文化广场

作者：毛文正

作品名称：综合楼与汽车展厅

作者：孙志刚

作品名称：巴洛克咖啡艺术廊

作者：辛冬根 任优莲

入选作品 专业组

巴洛克咖啡艺术廊
BALUOKEKAFEIYISHULANG

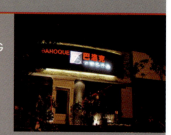

巴洛克咖啡是一家纯品咖啡与艺术氛围结合的非常完美的咖啡艺术廊，室内面积不大，但动、静区域分布合理。油画、花艺、饰品的搭配充分体现了现代装饰手法也能完美的诠释西方这一古老久远的咖啡文化主题，并非一定要采用大量的古典欧式的装饰符号来表现"巴洛克"时期的文化特征，反而深化了空间的中西文化兼收并蓄的无限魅力。在设计手法上采用大量暗色材质与丰富鲜明的陈设品搭配，产生强烈的艺术氛围，抒发了一种轻松、优雅的情调。主次灯光的布置摇曳交错，给人无限的遐想意境。

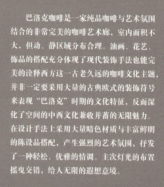

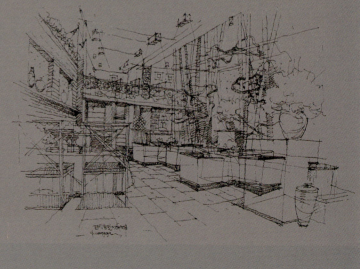

作者：辛冬根 任优莲

作品名称：绿色校园——江汉大学校园绿化完美总体规划设计方案

作者：何凡

入选作品 专业组

作品名称：为了母亲的微笑

作者：龙国跃 杜全才

143

作品名称：宁波BOBO城

作者：崔笑声

作品名称：广东省档案馆　　作者：王驰 王敏

入选作品　专业组

广东省档案馆
THE ARCHIVES OF GUANGDONG PROVINCE

广东省档案馆（新馆）位于广州市天河区，总建筑面积为34598平方米，高26层102米，是目前我国最高最大最具现代化的档案馆建筑。

广东省档案馆打破了建在机关大院的惯例，从"深宅大院"中走了出来，向市民开放，揭开了档案的神秘面纱，真正服务于社会公众，在中国档案建筑历史中具有里程碑的意义。

为体现这一全新的档案文化和档案观念，广东省档案馆的艺术设计基本思路是：简洁明快，庄重大方，正确反映时代特征、档案文化和岭南文化特色，集中体现"现代的"、"中国的"、"广东的"、"档案的"这四大艺术要素，实现广东省档案馆作为了国家行政空间、市民服务空间、史实展示空间、交流研究空间和群众休闲空间的综合性功能。

作品名称：城市假日——403

作者：丛宁

城市假日-403
CHENGSHIJIARI-403

设计理念：

随着经济的发展和人们生活水平的提高，"以人为本"越来越成为一种国际化的设计理念。人们在注重家居品质的同时，也极力去创造一个适合于人居住的环境。本案为一现代极简主义风格设计。空间中无多余装饰可言：面与面的界限变得模糊，无任何强加的烙印，无框清玻璃割断延伸至室内顶部；大量"留白"的立面和顶面也是顺势连接。简洁的直线构成了造型上的主要特征，入口处，横与竖的垂直交叉显示出一种简洁的几何美。当今设计中，清玻璃的运用显示了工业时代的"现代美"，诸如本案中厨房与餐厅、餐厅与客厅、主卧与主卫之间的清玻璃处理方式，既扩充了视野，又增加了空间的连续性、层次性。建筑的设计手法也过渡到室内设计中来，灯光顺应建筑母体而生，暗藏日光灯并非娇柔做作，丰富层次的同时也扩大了虚无空间。

建筑结构：框架结构
建筑面积：147m2
设计时间：2004年11月
竣工时间：2005年4月
主要材料：玻化地砖、实木复合地板、多乐士乳胶漆、玻璃、纸面石膏板、柚木面板、T5日光
工程造价：78000元
工程地址：江苏南京

作品名称：汕头博物馆公共环境壁画设计

作者：陈志明 兰文杰

作品名称：湖北博物馆室内设计

作者：傅欣

作品名称：源江浩泽　　　作者：彭征

作品名称：内蒙古先行广告办公空间设计方案

作者：杨正中

入选作品 专业组

"扭曲的盒子"——过道展示空间：
空间由俩个倒立且各有角度的盒子组成，是顾客进入公司的必经之处，给人一种不安宁的感觉，留给顾客非常深刻的影响。

卫生间前厅

总经理办公室

"书墙"——采访空间：

空间是为电视采访所设计的，背景是夹层结构，上方是书架，下方是用书砌成的"书墙"，从而是空间文化气息浓厚。

内蒙古先行广告办公空间设计方案

"鱼船"——大会议室：
大会议室的整体造型为一艘船，会议室内可容纳40人，里面与地面成8度角，从而形成了一定的气势，"船"是被抬高的，下面是水池，从风水上讲形成了有船有水。空间既满足了功能要求也符合了中国风水。

形象墙侧面

工业书架

"被捏住的盒子"——小会议室：
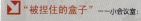
小会议室的设计考虑到空间周围环境，而且在充分利用建筑结构的基础上，把会议室抬高一定距离，让会议室被建筑承重墙夹住，给人以很强的视觉冲击力。

"活动会议"——活动区会议室：
活动区是专给员工体育活动的空间，内部也有公司平台单位的办事处，活动会议室是专给平台单位使用的，把会议室做成可以活动的就是为了员工更合理使用区域内所有体育器械。

总经理办公室

活动区

入选作品 专业组

作品名称："你家我家"家居配饰中心

作者：孙继忠 徐长青 王金龙

一体化设计与商品展示空间的融合

谈到一体化设计这个概念，其实是上古圣人早有答案——"仰观天文，俯察地理，近取于身，远取于物"，这是对整个自然界的纹理进行总括汇合而制成的。

大自然与人都是宇宙间的事物，两者都是物成的，都受可以统一的制约，都在永远发展变化之中。同时更重要的是两者都是在异曲同工的共变同化之中。当下提出此概念也就是人天相应以和谐。这主要表现为：既要改造空间，又要顺应空间，只有顺应空间才能改造空间，二者没有大、小之分。只有和谐一致，才能"演奏"出一曲优美动听的永恒的"人天交响乐"。它不是方法论，而是一种思想境界。

深圳市"你家我家"家居配饰中心位于深圳艺展中心A座四楼，占地面积两千平方米，是集家居配饰设计与家具、配饰品销售为一体的配套服务中心，结合空间的使用功能。本家在设计上强调一体化设计的概念，力求空间的功能与形式达到和谐统一，在同类型展示空间中不失为一次新的尝试和突破。运用新颖的环境照明技术和淡化空间装饰的设计手法，突出商品作为空间的主角，而空间装饰转化为"舞台背景"，为变化的商品提供一个广阔的表演舞台。少量的木质材料和大面积乳胶漆的运用，使空间的整体造价大大节约，得到客户及业界朋友的一致认同。

作品名称：榆次文化艺术中心

作者：庞冠男

入选作品 专业组

作品名称：吉林省自然博物馆

作者：王铁军

入选作品 专业组

作品名称：佛山市欧亚会SPA休闲中心

作者：集美C组

作品名称：ZBPUB酒吧

作者：鲁小川

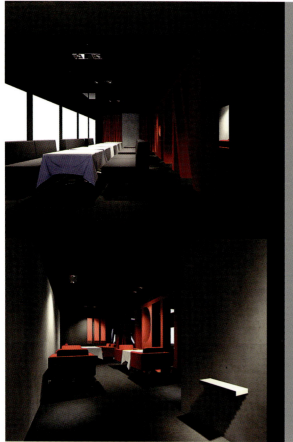
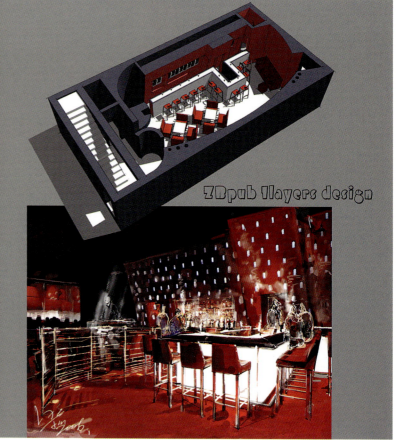

作品名称：汉派新农村

作者：尹传垠

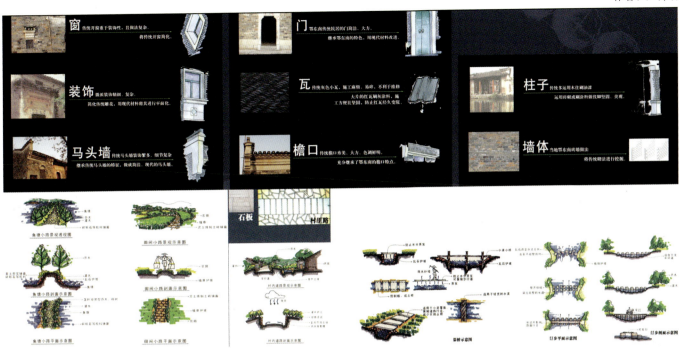

作品名称：云锦成客栈

作者：王怀宇

作品名称：荒园中生长的艺术摇篮——湖北美术学院艺术设计学院建筑及环境设计

作者：王鸣峰 梁竞云 黄学军

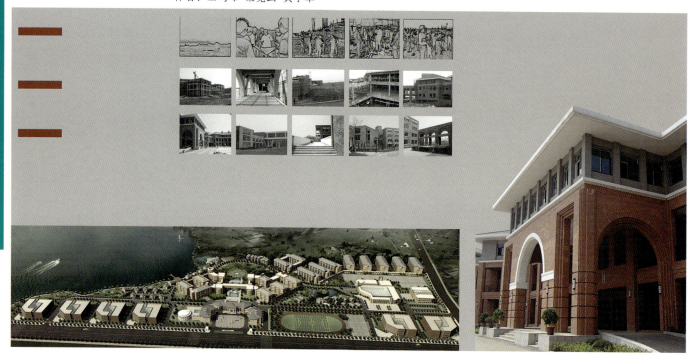

作品名称：深圳民间瓦罐煨汤馆

作者：胡飞

作品名称：圣淘沙花城

作者：陶胜

入选作品 专业组

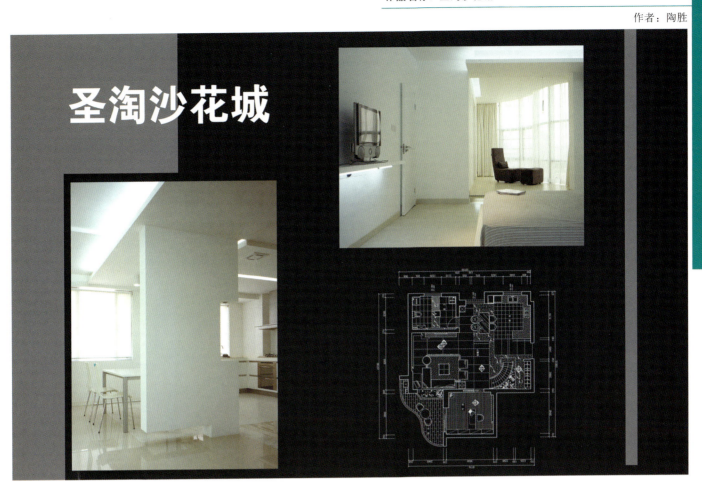

作品名称：北方国际传媒中心

作者：刘威

作品名称：北京中关村软件园软件广场酒店

作者：彭勃

入选作品 专业组

作品名称：现代艺术展览馆规划设计方案

作者：梁晨

现代艺术展览馆
The Museum of Modern Art
建筑规划设计方案
PROJECT DESCRIPTION

总体构思
MASTERPLAN

现代艺术展览馆坐于滨水之廊的尽端，新文化平台馆一个流动起伏的水面，以一个连续的整体，以一种开放的姿态漂浮在基地之上，滨海景观在这个立体平台上被最大限度地呈现给人们。

设计的目的是尊重该地区充满诗情画意的美景，屏蔽其表现出来。设计的内部性及其局性源自于现有的区域规划元素。

这些现代艺术展览馆临的地理特色，建筑以较长的水平流动的建筑形体来呼应山水的水平流动感也较人的尺度关系。一个连续，有力的有机体从地面延伸到水中。像一条条湖带回绕大海的鱼。它们流动，兴奋，跳跃，充满激情。弯曲延伸的形体象征着水现代艺术规划，人类血液涌动着热情。神向水面处意寓着人类对艺术未来无止境的探究和热情。

一切都是连续的，一切都是流动的

现代艺术展览馆的几个体在形体成高低落差，建筑立面处理了大量艺术构成式的玻璃窗面，在意识流动向里空间和特殊窗洞进行了引导与设计，充分借景。"白然结合"，于迎观展览馆的商品，大量窗户会设定完时收的遮光设备，以避免由光污染引起作品造成的损害。

现代艺术展览馆里设置了各类艺术博物馆，图书馆，现代艺术研究中心，艺术工作室，画廊，音乐厅，商店，等等与现代艺术有关的艺术都有了美，作为现代艺术中心。展览馆设置艺术工作室是要等为艺术家提供一个独特的、有创造性的，可识别的工作和展示空间，艺术人可以在此充分发挥自己的创作态势，如墨瓦不人之间的交流和沟通。

现代艺术展览馆的景观规划保持着直接接壤的山体，连接这不断的绿色通道让游者两岸的体意直接蜒蜒。有海岸边上打造出高端多功能休闲区域

每个不同区域建筑有机形体之间都相互连接联系，方便把所流不息的人群，带去达艺术的各个领域都是相互联系贯通的。

提供了一个戏剧性的背景。它们或"漂浮"于"绿色"之上。或嵌入到"视域"的"浪花"中。创造一系列独特的室内外环境空间。

在现代艺术展览馆广场上，沿着海岸海浪布满了星星点点的海浪滩礁砖好俯海水拍打列白石头架盛开无数浪花。通过海岸江从岸流瓦溅引出的绿色的色彩缤纷。打破传统"广场空间"枯燥的形式。因为展览的北向背山。北向又进北的构图。日的展场北之画售谷台上都了朝阳中。北侧广场上也可称者看了许多不规则排列的海滩。日的是随着日光入射角的变化，避免了人只度建筑的北向的向困惑。

整个广场设计是一个宁静、微妙的场所。提供可能多的空间供人们奔去各种活动。同时可以容纳若干临时设施。可以供若干人在各类区域无拘无束，自由自在地活动和想象

草图 SKETCH BY LIANGCHEN

草图 SKETCH BY LIANGCHEN

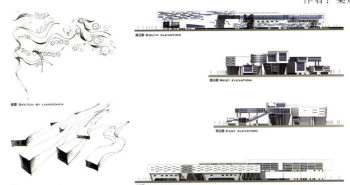

南立面 SOUTH ELEVATION

西立面 WEST ELEVATION

东立面 EAST ELEVATION

北立面 NORTH ELEVATION

作品名称：美术学院展厅改建方案

作者：张春梅　刘晔

入选作品 专业组

作品名称：中山文化中心公共空间设计方案

作者：曾海彤 樊威亚

作品名称：内蒙古达茂旗草原文化宫

作者：海建华

二層民俗文物展廳服飾、工藝用品展區

内蒙古·達茂旗

草原文化宫

室内設計方案

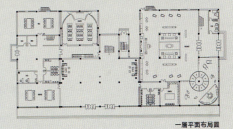

一層平面布局圖

二層平面布局圖

三層平面布局圖

四層小音樂廳

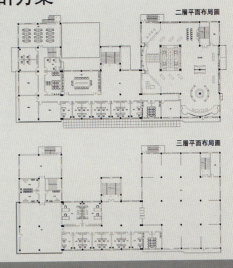

入选作品 专业组

作品名称：瑞景空间

作者：裴晓军

作品名称：盛世开屏

作者：张达临

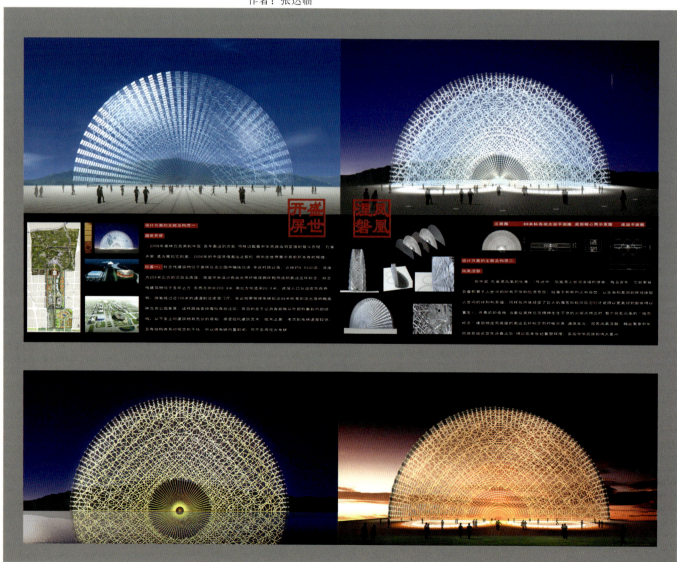

作品名称：赤峰石博园

作者：张果 孙志敏 刘玉 邢萍

作品名称：水墨空间

作者：任光辉

入选作品 专业组

161

入选作品 专业组

作品名称：重庆黄山抗战遗迹博物院

作者：黄耘 邓楠

作品名称：重庆渝中区较场口地区环境整治及景观规划

作者：刘宜著

作品名称：古币建筑意空间概念设计

作者：代锋

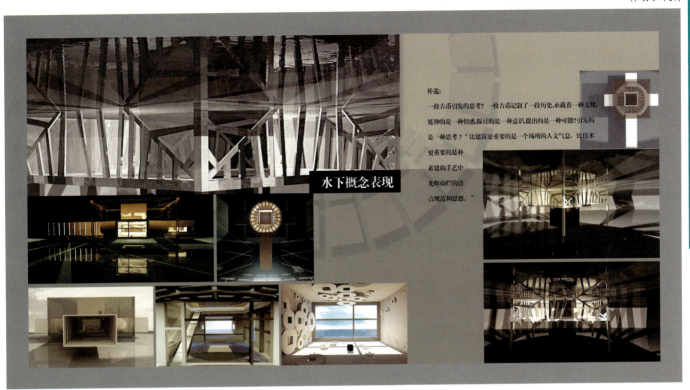

作品名称：青岛奥运帆船基地运动员活动中心

作者：张智忠 洪铭华

入选作品 专业组

作品名称：深圳某RD公司中心

作者：严一伦

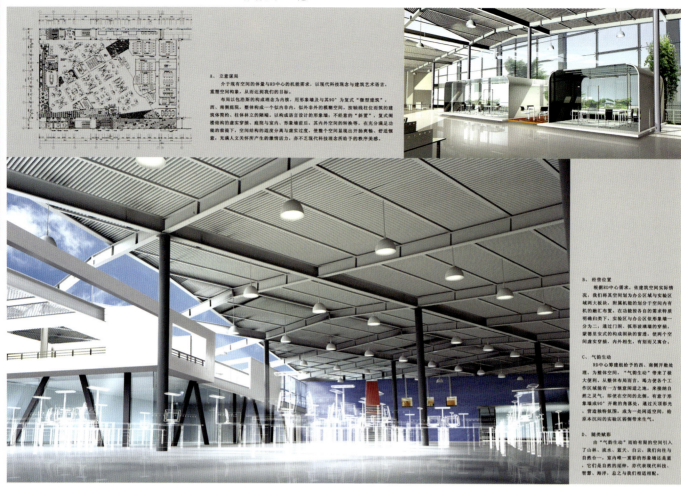

A. 立意谋局

介于现有空间的体量与RD中心的机能需求，以现代科技理念与建筑艺术语言，重塑空间构象，从而达到我们的目标。

布局以包浩斯的构成理念为内核，用形象墙与其90°为复式"模型建筑"。西、南侧庭院，整体构成一个似内非内，似外非外的模糊空间，按轴线柱位而筑的建筑体简约、柱体林立的简墟。以内成语言设计的形象墙，不经意的"斜置"，复式阁楼结构的虚实穿插、庭院与室内、形象墙前后，其内外空间的转换等，在充分满足功能的前提下，空间结构的虚度分离与虚实过度，使整个空间显现出开扬爽畅、舒适惬意，充满人文关怀所产生的激情活力，亦不乏现代科技理念所给予的秩序美感。

B. 经营位置

根据RD中心需求，依建筑空间实际情况，我们将其空间划为办公区域与实验区域两大板块。附翼机能的划分与空间内有机的融汇布置。在功能按各自的需求特质明确归类下，实验区与办公区依形象墙一分为二，通过门洞、弧形玻璃墙的穿插，蒙德里安式的构成前块的窗透，使两个空间虚实穿插，内外相生，有别而又寓合。

C. 气韵生动

RD中心筹建给予的西、南侧开敞处处，为整体空间，"气韵生动"带来了极大便利。从整体布局而言，竭力使各个工作区域能有一方恒定同道之地，来接纳自然之灵气，即使在空间的北侧，有处于形象墙或90°开敞的角落处，通过天顶彩光，营造独特氛围，成为一处闲适空间，给原本沉闷的实验区弱倒带来生气。

D. 随类赋彩

由"气韵生动"而给有限的空间引入了山林、流水、蓝天、白云，我们向往与自然合一。室内唯一重彩的形象墙还是蓝色，它们是自然的延伸，亦代表现代科技、智慧、海洋、总之与我们相适相配。

作品名称：经济学院——学景大酒店

作者：张震

作品名称：民大光谷美术馆

作者：舒菲 杨晓祥 郭虎 潘攀

作品名称：随意空间

作者：顾宇光

设计说明

作为设计人，对自己的办公空间与形象的要求也就随之提高，本空间打破了千篇一律的办公格局，令人耳目一新。
面积不大，只有一百平米，考虑将整个空间分为两大功能：休闲与办公。一进门，先是接待及开放式休闲区，接着是会客区；设计师办公区，最后是总监办公室。设计格调依照个人的习惯，提倡高格调低成本的原则，主色调以白灰为主。墙壁是采用砖砌外粉水泥，墙隔断采用小青砖垒成。门窗部分采用杉木光皮实木板统制，略木花纹本面，以加重空间饱和度。大胆控制，细部设计，顶部不做任何吊顶，所有灯具着明装布置，解除了压抑感。为了加强空间的时代感与文化品位，还设计了卷挂式展示架，让空间具有生命力。使办公也能像在家一样轻松愉快。

165

作品名称：326 艺术家交流中心
作者：李宁

作品名称：激活城市——建兴坡实施项目

作者：王平妤 曾燕玲

入选作品 学生组

作者名称：视觉艺术中心

作者：李斌

视觉艺术中心 公共空间设计方案

sion art center

应用软件：
3dsMAX6.0
AutoCAD2004
TArch6
Lightscape3.2
Vray1.46.15
Photoshop CS

作品名称：文化空间

作者：刘新华

作品名称：广场设计

作者：苏迪

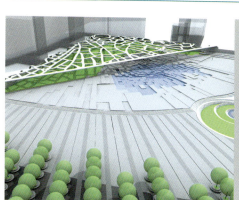
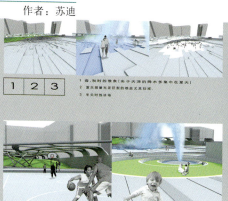
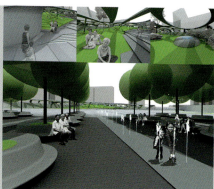

剖面 A-B

剖面 B-C

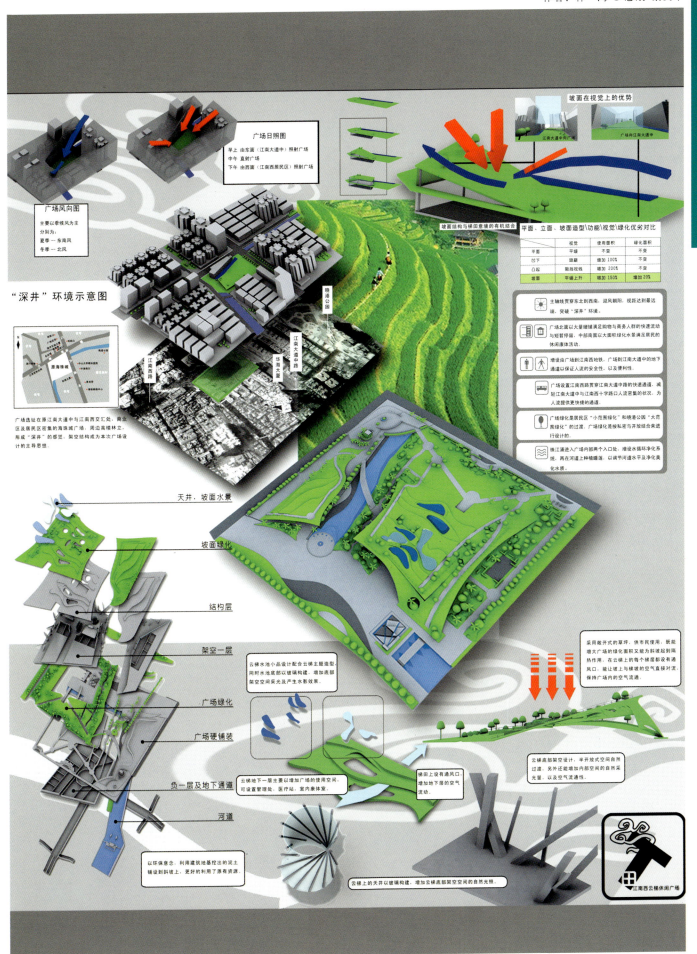

入选作品 学生组

作品名称：景观在运动

作者：黎少君

景观在运动
城市新街区景观规划设计

景观在运动，不只只是物体速率上的变化，反过来，人的运动亦造成景观的变化；其二，时间变化，场地的功能性质亦会不同，从而变幻出精彩绝伦的景致。

场地现状：南湖南路、南湖北路是望京地区的主要生活轴线，两旁以住宅、工地、学校和商业建筑为主。作为北京的新型住宅综合区，在发展中凸现出不少问题，包括生态、交通、人文等问题。然而，在这片土地，依然有着潜在的活力因子，如何将这些因子激活，是我们这个课题探讨及解决的问题。

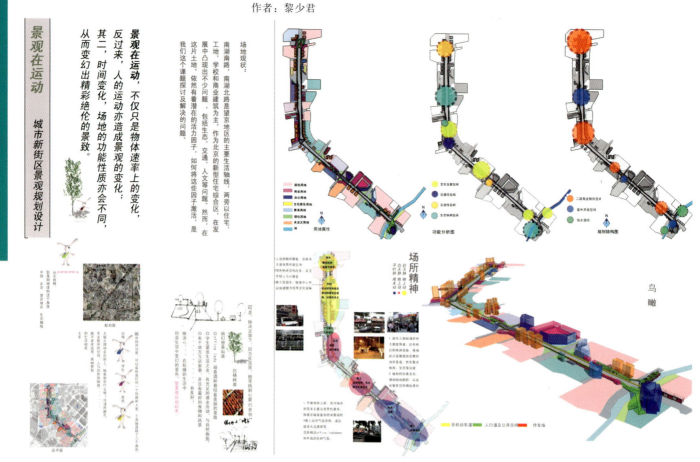

作品名称：蚁穴拟态的生土幼儿园

作者：朱明政

▲儿童戏水池

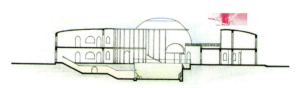

SECTION 1-1　剖面1-1

经济指标：
用地面积2200平米
建筑占地面积550平米
建筑面积900平米
容积率 0.41
建筑密度 0.25
绿化率 50%
建筑造价300元/平米
停车位10个

SITE PLAN　总平面

作品名称：住－居－信息时代城市生活"居"的探讨

作者：赵坚 王晓燕

作品名称：湖北省艺术馆设计实录

作者：罗斌 叶勇 陈晓红

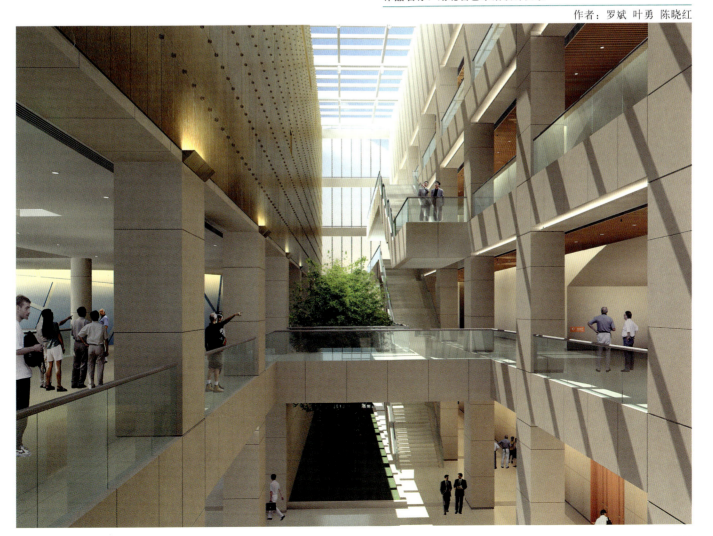

作品名称：新生态公厕

作者：丁飞 周爽

设计说明

该设计从厕所的运营方式着眼，关注粪便的可利用性，以可持续发展为手段，来更方便的满足广大群众的日常生活需要，同时达满足生态环境的和谐要求。解决城市对公厕运营系统力不从心的现状，以厕所的节能、可移动性和粪便的有机组织回用来引发一个新的产业链，使城市粪便这一个鸡肋变成一个金砖饺。

设计前我们对武汉公厕的现状进行了大量的调查和分析，发现导致武汉公厕发展落后的根源是——缺少市场化的手段。设计中，我们结合生态、可持续发展和市场化运作对厕所的功能进行了定位，如厕所配有2个广告灯箱，粪便粪尿的更换和有组织的回收。然后制成有机肥回用，能源装置由于更换的键装天然气发电自供，为了满足有些区域的人群时段性激增，我们的公厕还有通过拖车移动的功能。

这个概念设计运用了很多的新科技和新技术，目的是为了给祖国的城市设施建设提供一种新参考，它的实现所带来的经济效益、社会效益、生态效益对一个城市的可持续发展将具有不可估量的作用。

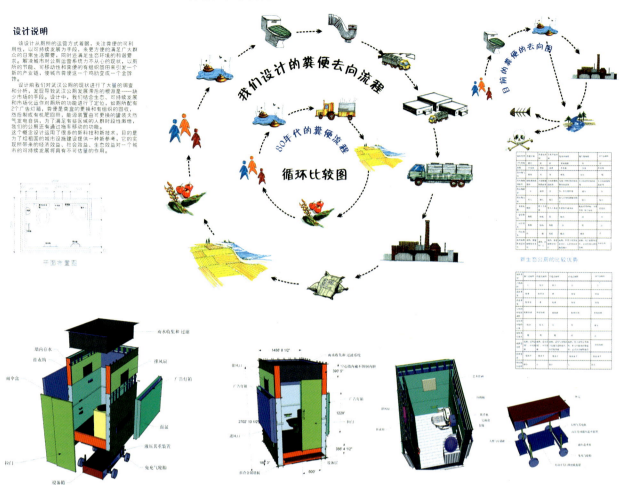

作品名称：独生院宅

作者：董莳

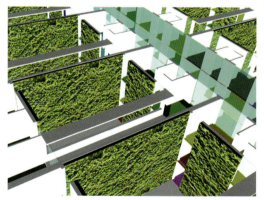

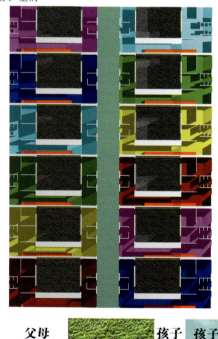

作品名称：古生物博物馆

作者：张书 张毅

入选作品 学生组

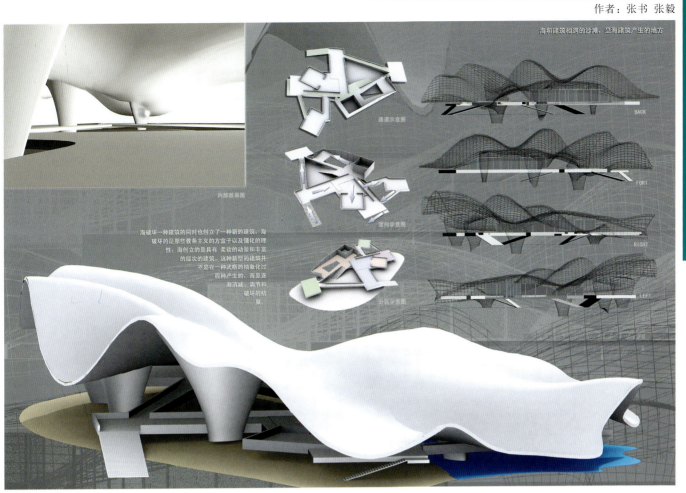

作品名称："它山之石"别墅设计

作者：曾浩洁、田斌

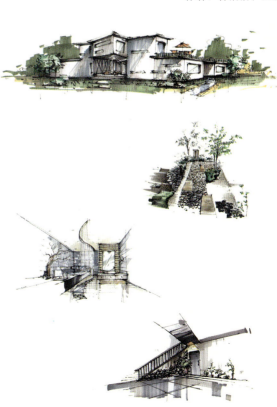

作品名称：棋艺茶馆

作者：刘平

作品名称：快乐起航——幼儿园概念空间设计

作者：毕善华

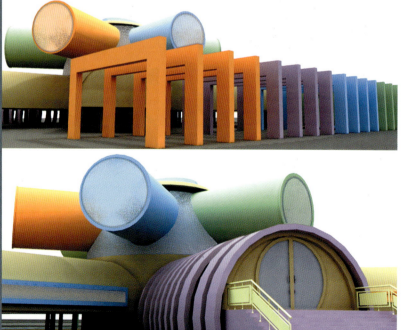

作品名称：MY BOX 我的盒子

作者：沈莉

入选作品 学生组

■ 如图示组合
200×200×6000/
工字钢/31根/
焊接（主体）

■ 如图示组合
钢索结构楼梯/
踏步面板有混凝土板，强化玻璃面板可选择

■ 如图示组合
2400 4000/钢制百叶传动系统/玻璃百叶

200×200×4000/
200×200×3000/
200×200×1500/
工字钢/4+8+4
根/焊接（过廊）

组合形式

丰富的单体组合形式产生出满足各种功能需要的场所及空间

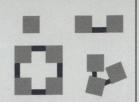

生态系统

双向流通的百叶可以依照建筑所处区域状况调节方向，满足采光及通风的要求

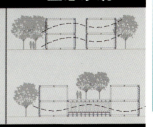

将一个6M×6M的方形建筑作为一个基本的形态。它具有固定的骨架结构形式保证建筑整体受力均匀及坚固。同时它能够依据模数进行延展，以满足功能及形式的可变性。外墙材料同样采用标准规格设计，但材质及色彩可以有多种选择。整个单体之间的穿插还能够带来丰富的组合形式。组成结构构件是固定的，由**标准件依据模数**按照面积及高度确定数量。提供机器生产的可能。这样产品生产之后的销售方式就能直观的推到消费者的面前，通过市场甚至是网络完成销售。同时基于这种建筑产品丰富的可变性，我们在后期还可以加大周边产品的设计和入，比如从单纯的建筑产品渗透到室内装饰产品，提供源源不断的商机。

外墙样式

■ 实墙
3000×3000×100
双层保温轻质外墙/1000×1000×10素混凝土板

■ 玻璃
3000×1000×20
钢化玻璃/2500×700×60发光灯箱

实例分析（SOHO）

单体建筑由楼层划分为两个功能区域，即独立又联系在一起满足当下许多年青人的需求

作品名称：荷塘月色

作者：汪卓琳

入选作品 学生组

作品名称：海螺　　　　　作者：宋浩然

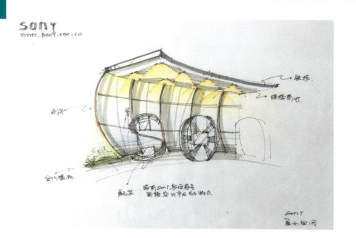

作品名称：垂直交往　　　　　作者：杨杨

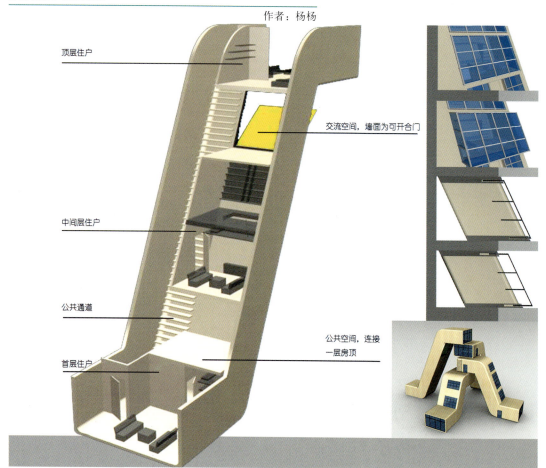

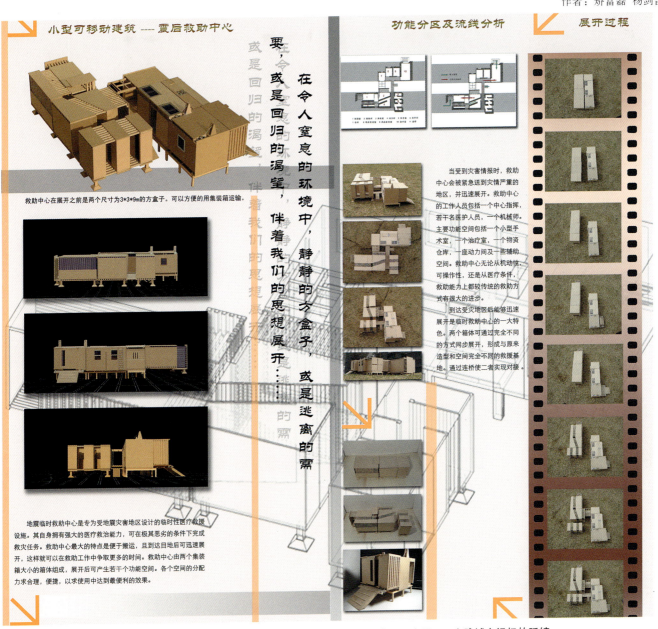

作品名称：小型可移动建筑——震后救助中心

作者：矫富磊 杨剑雷

作品名称：大屋——文脉城市记忆的延续

作者：西德亮

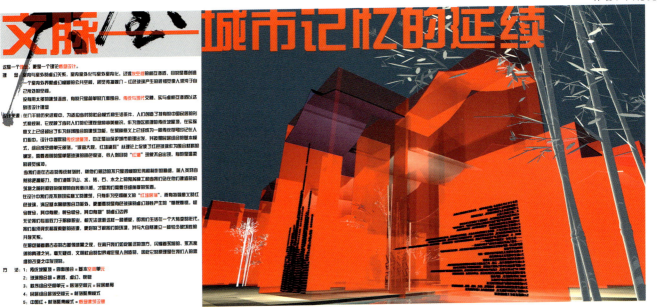

作品名称：蛋之语

作者：白雪 谢青松

作品名称：室内设计——"圣地"

作者：赵宏强

作品名称：概念设计——水晶餐宫

作者：曹亮 邵建军

入选作品 学生组

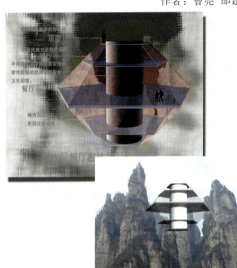

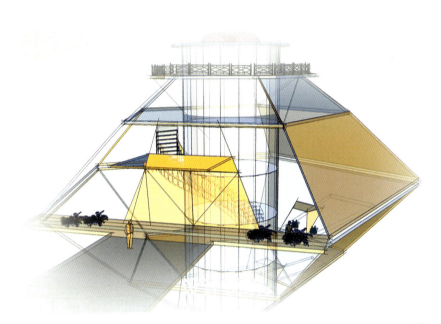

作品名称：巢

作者：赵孝男

179

作品名称：自然换喻·建筑之源　　　作者：刘炜

Concept Space
自然换喻　建筑之源

主厅夜景图

自然换喻不是单纯模仿自然形态，而是自然隐喻的转换，基于自然产生的线的物理痕迹，将自然的源转化为建筑形式的源，并其与物理结构和使用功能相结合，用建筑表现混沌的自然形式，体现着设计的意义。

建筑里的楼梯不再设计成传统楼梯的形式，而是转变成了风的意向，可以想象，风在空气中划过所留下的物理痕迹变成了楼梯的形式，围绕树型的电梯旋转而上，下面自然散落的圆形展台犹如随风飘落的花瓣，通过风、树、花瓣，整个空间给人展示了一种情景交融的动态画面。

同样的源，同样的线，经过翻转、交叠、回旋等形式便成了动态建筑，结合不同的自然意向，给人传达了不同的空间感受，一种在经过设计之前就似曾相识的感觉。

▶ 主要行走路线　▶ 次要行走路线　▶ 电梯

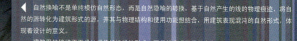

过廊效果图

一个普通的过廊，若用地面沙漠的意向将它扭曲，产生翻转之感，结合框架的建筑形式便会映射出富有动感的流线式光影效果非寻常的结构与造型能创造出奇特的功能空间，使人产生犹如自然空间飘浮、游动的感觉，内外空间自由交替，极不稳定，空间不是静止的空间。

副厅外观效果图

副厅顶视效果图

小展厅效果图

设计目的

寻找自己的设计手法，塑造自己的个性，从自然界获得灵感，做自己喜欢的设计。运用手法，并不是屈于追赶，炫耀手法的运用，而是恢复手法作为解决问题的工具的地位。从课题出发，找到设计创作的立意和基本起点，在问题的解决过程中融入自己感性的理解和灵感的火花，而最终力图达到直指人心的境界。在这个过程中，要时时地提防着炫耀手法而玷染设计的纯粹，一个人最原始的对美好生活的向往。

副厅效果图

▲ 可以从另一个意向去设计，将楼梯设定成为巨大叶脉的形式，围绕中心蘑菇型的巨灯向上蜿蜒生长，周围的墙壁如同茂密的树林经过大风的撼动而摇摆不定，这时建筑便又给人一种完全不同的感受，一种如同雨林酝生机盎然的空间气氛。

入口效果图

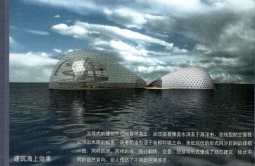
建筑海上效果

流线式的建筑外观与自然共生，从顶面看像是水滴坠于海洋中，流线型的立面线如同泛出水面的鲢鱼，弧形的造型适于各种环境之中。高低起伏的形式同沙丘的韵律相一致，同样的源、同样的线，经过翻转、交叠、回旋等形式便成了动态建筑，结合不同的自然意向，给人传达了不同的空间感受。

CONCEPT DESIGN

作品名称：洗矿物艺术创作中心设计方案

作者：房磊 黄春

入选作品 学生组

作品名称："非草非木"——竹设计的探究

作者：顾济荣 陈安斐 季正嵘 胡敏君

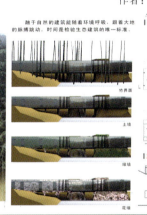
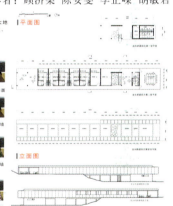

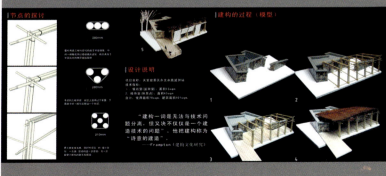

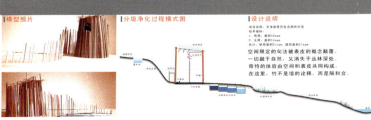

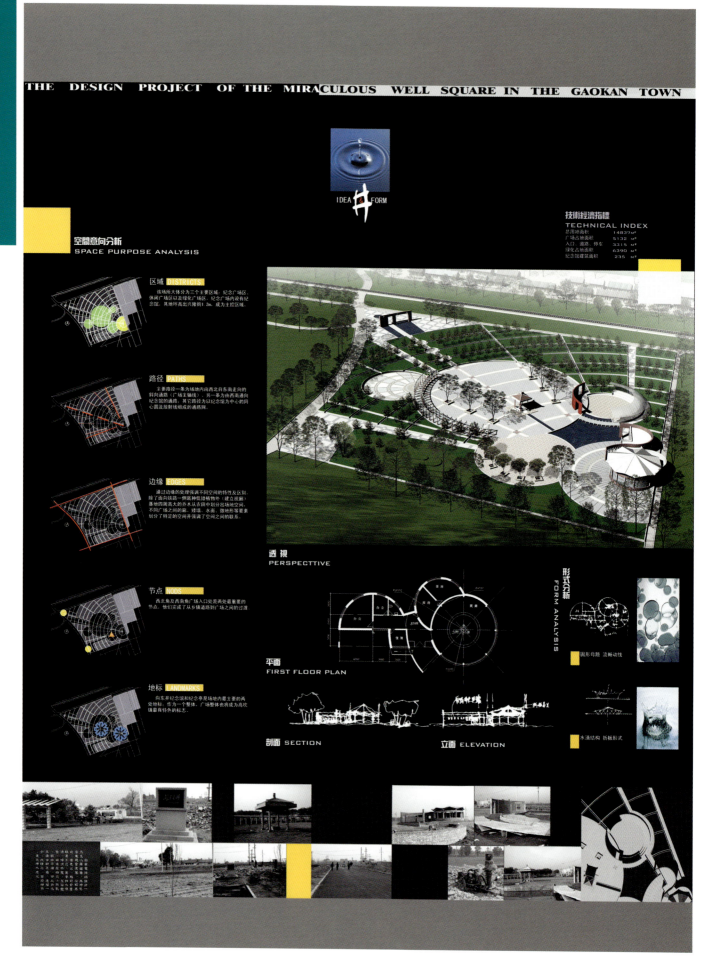

作品名称：没有棱角的阳光地带

作者：邓璐

入选作品 学生组

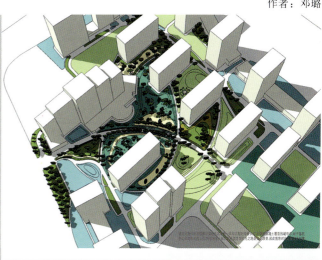

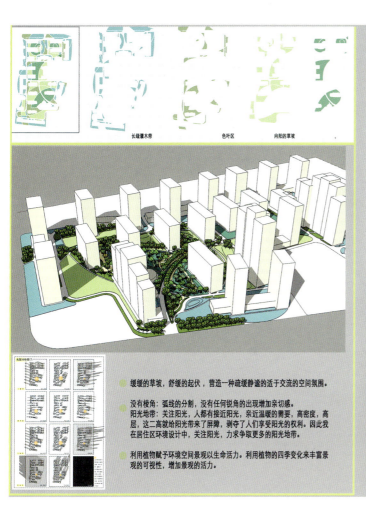

- 缓缓的草坡，舒缓的起伏，营造一种疏缓静谧的适于交流的空间氛围。
- 没有棱角：弧线的分割，没有任何锐角的出现增加亲切感。
  阳光地带：关注阳光，人都有接近阳光，亲近温暖的需要，高密度，高层，这二高就给阳光带来了屏障，剥夺了人们享受阳光的权利。因此我在居住区环境设计中，关注阳光，力求争取更多的阳光地带。
- 利用植物赋予环境空间景观以生命活力。利用植物的四季变化来丰富景观的可视性，增加景观的活力。

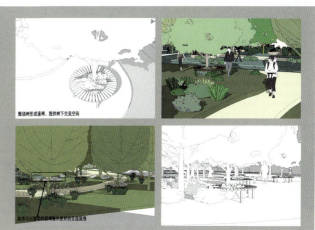

作品名称："泡泡"洗浴文化休闲体验馆概念设计

作者：谭杰 曹鑫鑫 赵丹丹

洗浴文化是中国传统文化的重要组成部分。早在商周时期，中国的皇室法典中就规定在登基、承位、祭莫、开元等重大活动伊始要戒斋三日、沐浴更衣的祖典，封建社会的历代皇帝莫不如此。到了汉唐时代，洗浴文化已日臻成熟，蒸气浴、温泉浴、冷水浴、药浴等洗浴方式早已在皇室大臣中流行，被中医文化吸纳，并成为一种独特的医疗方法。

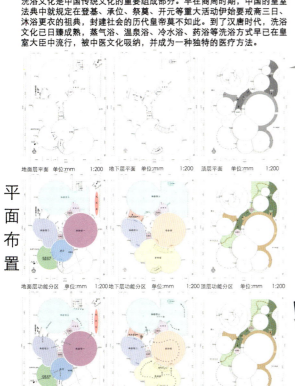

平面布置

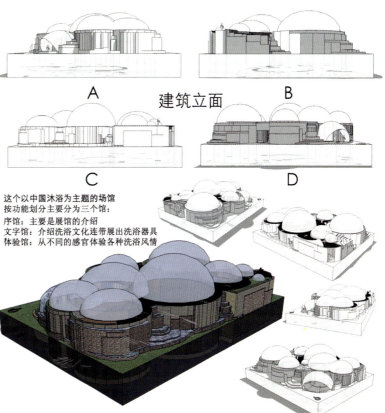

建筑立面

这个以中国沐浴为主题的场馆
按功能划分主要分为三个馆：
序馆：主要是展馆的介绍
文字馆：介绍洗浴文化连带展出洗浴器具
体验馆：从不同的感官体验各种洗浴风情

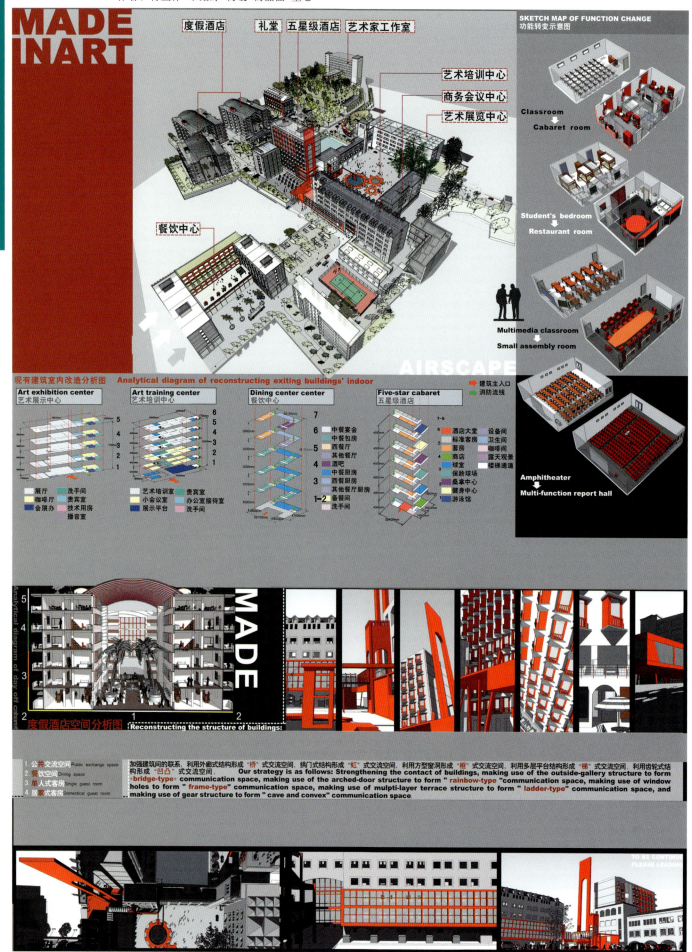

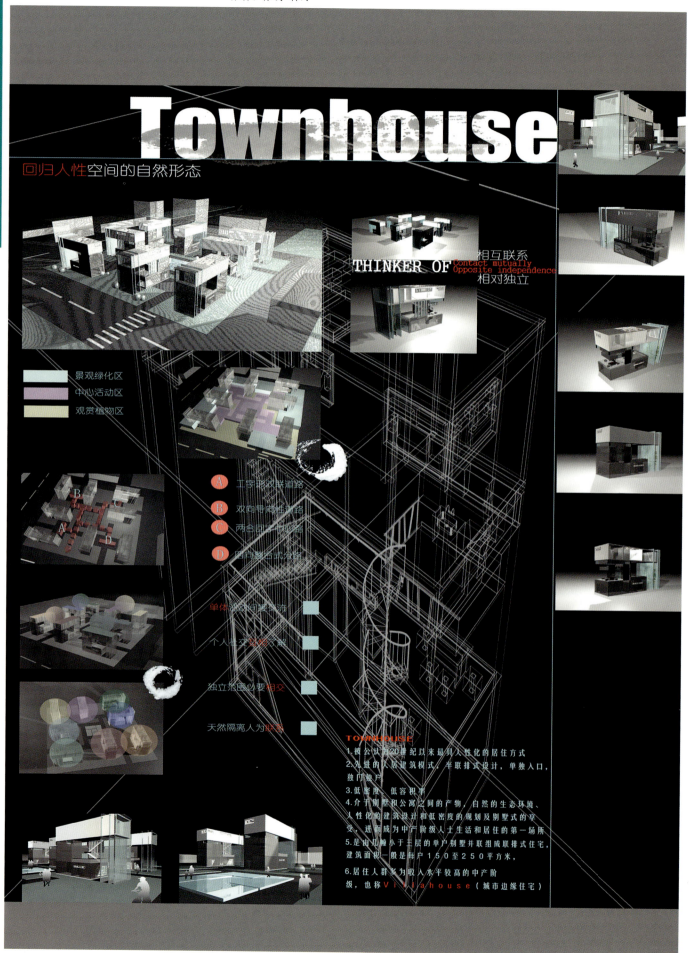

作品名称:"限制中的自由"——关于未来学生公寓设计的探索

作者:王美丽

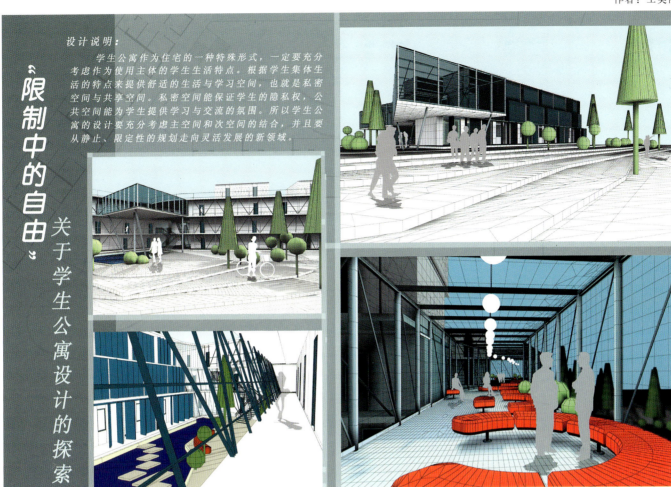

设计说明:
　　学生公寓作为住宅的一种特殊形式,一定要充分考虑作为使用主体的学生生活特点。根据学生集体生活的特点来提供舒适的生活与学习空间,也就是私密空间与共享空间。私密空间能保证学生的隐私权,公共空间能为学生提供学习与交流的氛围。所以学生公寓的设计要充分考虑主空间和次空间的结合,并且要从静止、限定性的规划走向灵活发展的新领域。

作品名称:城市水族馆

作者:张玉良

世界之海

作品名称：多功能应急性住宅　　作者：张宇峰

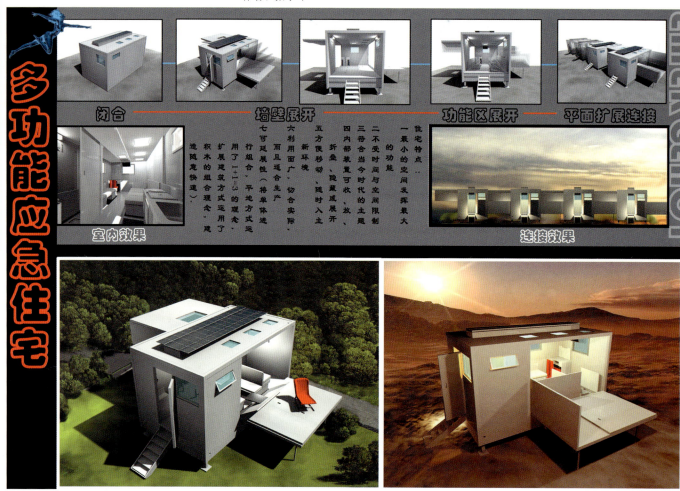

作品名称：泉水公园　　作者：单梁

入选作品 学生组

作品名称：北京生命科学交流中心

作者：付强

设计密切关注和过分强调文化。
结果许多人就把自然远远地抛在了一旁。
不过，随着环保运动的兴起，人们开始考虑，作为消费者
我们对生态会有什么样的影响。
一方面是出于对别人的考虑，
另一方面是为了进行自我保护。
还有一方面是出于其他动机。
不断觉醒的生态危机意识是影响设计领域的一个最新因素，必将对未来产生影响，
仍将对从事设计的人们的创作有所启发。
自然和文化的对立是有价值的。
如果说文化是一种使我们脱离自然的人类活动，
那么文化增长的同时自然就必定衰退。
如果我们不在自然中探索，也不相信从自然中可以获得信息。
那么，
就可以说，我们完全游离于自然之外。
生态思考的结果是重新对设计进行定义。
设计就是对事物和人之间关系的整体意识。
未来的设计使得人们能够究察人在世界中的地位。
设计将长期以来一直分离的科学和人性观念总结起来，
以排除现代人对人与世界、
人与人之间疏远的焦虑，
让我们得到快乐，
但地球不必为此付出代价。

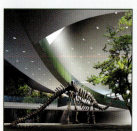

北京生命科学交流中心
LIFE SCIENCE EXCHANGES CENTER OF BEIJING

探究生物美的潜能
探究人与自然的复杂关系
将科学与艺术融合
更深刻地理解生命
倡导未来可持续发展

中国·北京·海淀

北京：中华人民共和国首都，中国共产党中央委员会所在地。中央直辖市。是东北和华北等地区联系的枢纽。面积1.68万平方公里，人口约980万。西山、军都山等盘踞西北，东南部为永定河和潮白河冲积平原。暖温带大陆性季风气候，年平均气温10－12℃。我国历史最悠久的城市和七大古都之一，现已成为全国最大的综合性工业城市之一。全国铁路交通的枢纽，国内航空线的中心。我国最大的科学文化中心。

海淀：为北京市辖区之一，是一古老城镇，有七百多年历史。明、清时期兴建许多皇家园林和王公大臣的起居别馆，环境优美，建国后辟为文教区。北京大学、清华大学等高等院校均设于此。

地点分析

作品名称：低成本造就艺术的文化餐饮空间——楚灶王酒店设计实录

作者：刘洋 吴珏 丁凯 项聪

作品名称：68内衣专卖店设计

作者：邓璐

作品名称：甘堡藏寨守备官寨再生

作者：杨治 胡哲 甘伟 曾忠忠 荆晶

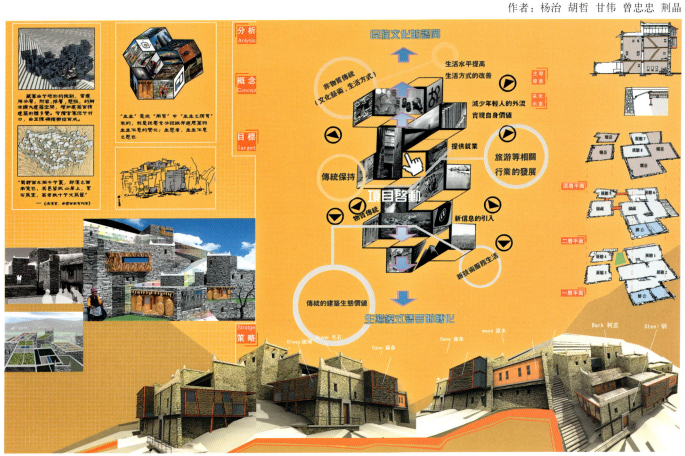

作品名称：叠韵多功能公共空间

作者：赵妍

入选作品 学生组

作品名称：韶山毛泽东文物馆展陈设计

作者：王宇 周凡 孙悦 任飞 安鹏 王冲 绍吉峰 侯研文 朴盛多

韶山毛泽东文物馆展陈设计

作品名称：中国福文化艺术传播中心

作者：崔恒 籍颖

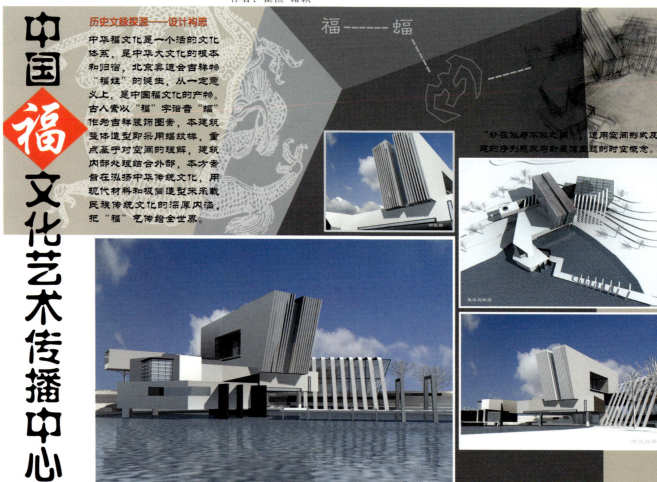

作品名称：空间再生

作者：周秋行 李宛倪

入选作品 学生组

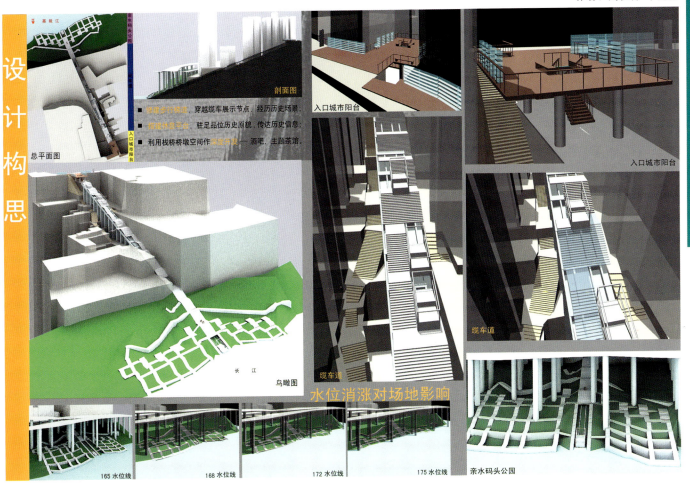

作品名称：异度色彩空间

作者：廖日明

BECK'S BAR 异度色彩空间
chooses your color space in Beck's

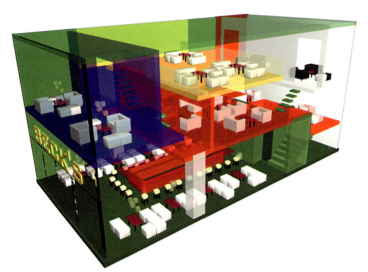
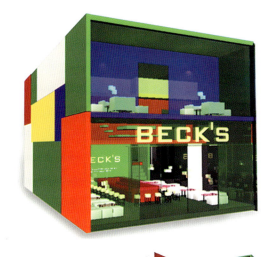

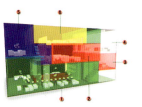

197

入选作品 学生组

作品名称：光之谷
作者：王珊珊 关扬

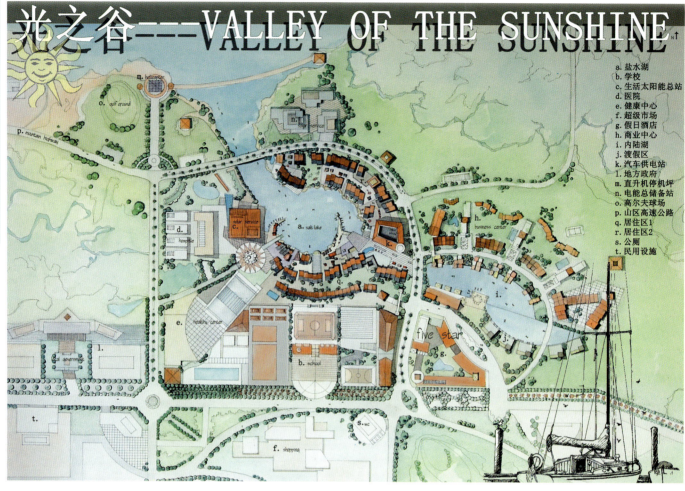

作品名称：HOBO之城市营地
作者：王雯静 郭冕

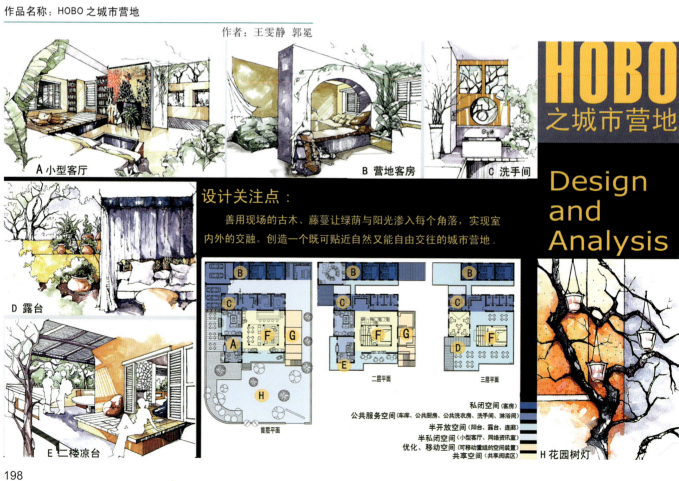

作品名称：九亿中国

作者：王江涛

入选作品　学生组

作品名称：CHINA TIES

作者：刘裴　谢文佳

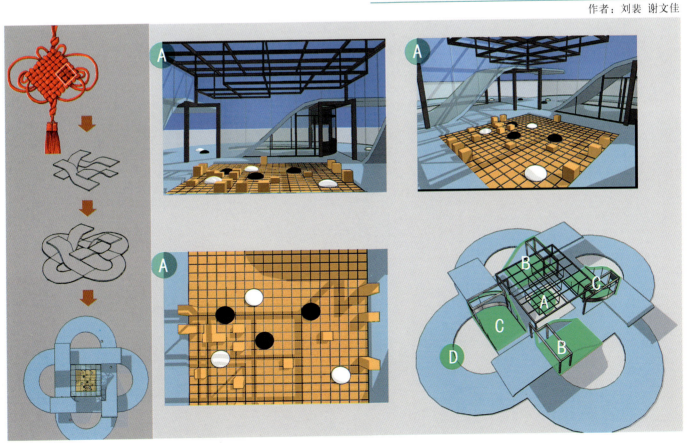

作品名称：酒店大堂室内设计

作者：韩亮

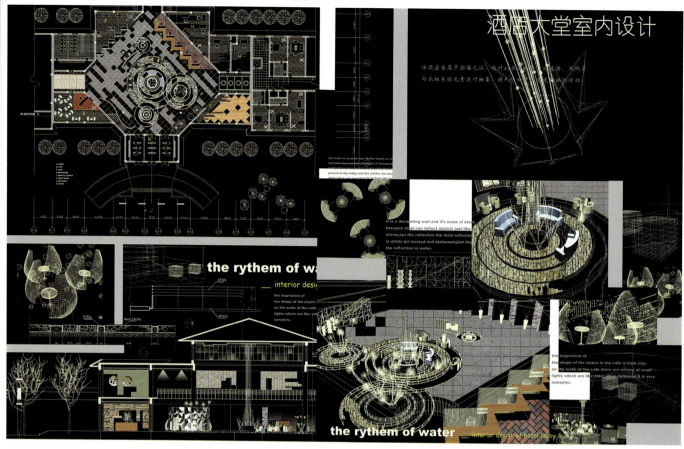

作品名称：UPLAND DAIRY 别墅设计

作者：孔祥栋

作品名称："栖居"湿地鸟类科考营地设计

作者：吴磊 徐新宝

本方案为湿地鸟类科考营地，兼有科普教育功能。

方案选址在一片湿地水面之上。首先面临的问题是如何能够最大限度地不破坏场地？但同时还要能够有效地进行科考活动。受启发于鸟类筑巢的选址方式，采用了钢结构斜柱快速装配构造，将主体架空托高，四面通透。在最小限度破坏场地的同时，保证了主体的稳固与观察的方便。

其次是如何呼应场所的精神？在一个原生态的场所中，过于张显自我的建筑是不合适的。可行的办法似乎只有让建筑"消隐"。底层架空为虚，玻璃映照美景也为虚，建筑的表情因天色而变，建筑实体叠化于自然中。

单体变化透视1　　　　单体变化透视2

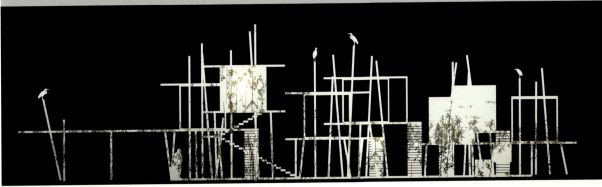

作品名称：城市下的院落

作者：曹旭晖 吴雪

入选作品 学生组

作品名称：绿林食工坊文化主题餐厅设计

作者：杨光

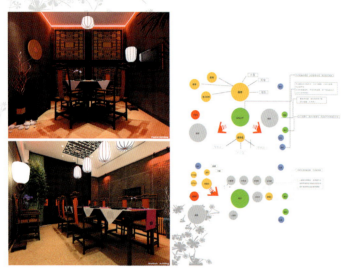

作品名称：纸居

作者：孙亮

作品名称：生态的遮阳景观设计

作者：陈鸿雁

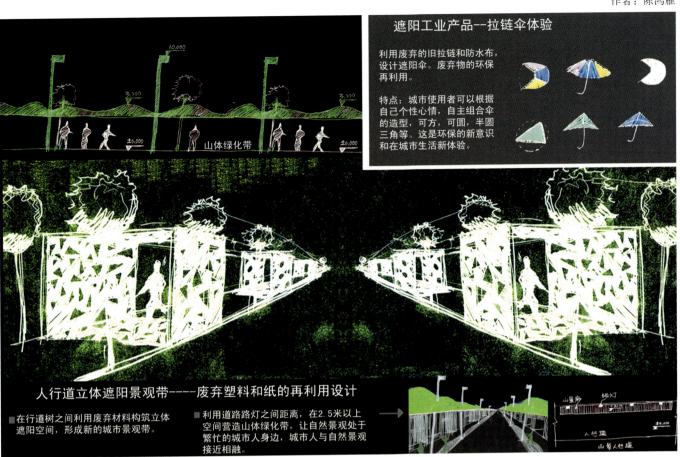

作品名称："中国盒子"华夏媒体中心设计方案

作者：张玲

作品名称：影动中——皮影戏剧院

作者：张宏蕾 徐巍

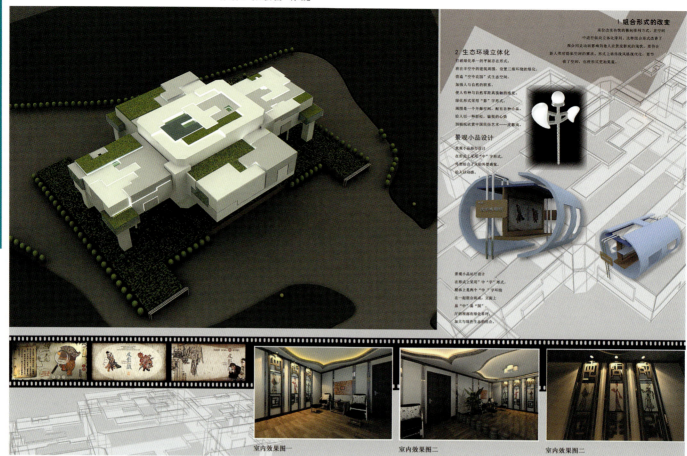

作品名称：在水一方

作者：邓露曦 叶海丽 朱钰琦 周嫣

作品名称：公共空间LOFT 超越·未出发

作者：崔厚昌 廖伟斌

入选作品 学生组

公共空间 LOFT
超越·未出发
广州美术学院毕业设计
oversteep·future·have no·set out

广州美术学院男生学生宿舍改造方案
the Art college boy's dormitory reforms project

指导老师：冯乔、王晖
环境艺术设计系一班 毕业设计组：廖伟斌、崔厚昌

外加结构的原因
the reason of the in addition construction

考虑到宿舍原来的坐向是坐东朝西，在设计上很不合理，所以在改造的设计上决定外加一个遮阳的设施，制造阴影面积。在首层和其它各层都作绿化区域这样就可以在设计上加大一点建筑面积，但又可以积极地改善宿舍周围的环境。

主题的策划
the topic plans

宿舍的改造虽然限制比较多，但是我们还是设法让同学们除了使用以外可以在日常生活中有更新的空间体验。

1、外加流线的运用：原有的流线主要是用于上升和走火通道，比较呆板。在策划上加入新的流线是为了让使用者有第二选择"享受步行空间的体验"，把每个阳台花园连接的流线让我们从同学的路上感受"走在门前小路"，再转入室内，"到家了"，让九层宿舍从垂直上建立起一个平面中。缩短距离，拉长时间，使同学们在四年的学习生活中寻找一些步行的回忆。

2、阳台花园的变化：阳台花园都设置在每层的门厅外，从地面的绿化延伸到立面，每一层的绿化高度都有变化，在不同层的阳台能接触到植物的不同部分，有近有远，使之更接近我们身处的环境。

3、水与惨淳构成：宿舍的条件没有设置水的环境，但为了更有幻的感觉，我们为阳台花园的边缘设计了水雾喷射器，在早上和傍晚的时候喷射，潮湿植物和阴凉，制造强烈的水雾效果。再在阳台花园的地板下面设置镜面，让下面的同学通过镜面看到上面，从误解物反射的影子，就像倒立在空中，产生游戏般的视觉空间，更突出主题为超越未来而出发的创作思路。

平面设计功能概念
plan design function concept

重新划分的平面空间是内嵌式的联排宿舍针对不同学系的同学，在平面和垂直分布上都有所不同。

平面在每一层都有两个面积在9平方以上的门厅，还有一个特定的区域是进行学习交流的由于专业要求不同，所以面积分配也不一样。

垂直分布设计功能概念
the perpendicularity distributes to design the function concept

垂直分布在行为流程和专业学习习惯上作不同的安排：

设计系：
1、独立性强，通常以图纸或计算机完成作业空间要求不大。
2、信息量大，要经常跑书店、设计现场和图书馆。

由于绘画的要求比较多，如大空间的使用，特定的环境、气氛和光线，还有其他的一些细节等等，所以设计上有特别针对性的。

1、楼层都在较高的地方，采光通风条件好，使各种

绘画系：
流线要求以方便快捷为主。
有甚至远眺的景色，空间开阔，有利于各种绘画创作。
3、人流量比低层的少，环境比较安静，有静思的条件。

girl's dormitory 女生宿舍 | boy's dormitory 男生宿舍

new flow line plans to distribute the diagram
新流线策划分布图

外加结构高阳台花园公共休息区
9-1楼公共休息区
2楼天空厅
6楼休息区
7楼休息区
各层门厅休息区

主题策划在实际中的改动
the topic plans in actually of change to move

整体布局的改动
the whole set up of change to move

1、在整体的规划里，我们把原来并不互通的男女宿舍和研究生使用天桥连接，方便同学们可以快速地连接学校外的其他设施。

2、把首层底层小而乱的车位改为花园和自助复印等，把院落内的绿化广场为同学们提供一个较宽阔大约200～300人户内外连接的公共空间，使同学们可以在这被动的地方找到休闲的设施。

3、外加结构设置了单向电梯设为一个半开的楼梯，一个是电梯，除了可以使流线的单调性得到改变以外，还为高层的同学提供了有效的交通工具，让住得高的同学可以更多地使用学校更其他的设施。

建筑设计上的一些针对性改良
the some on the building design aims at the sex improves

主动式和被动式太阳能设计

由于原来的宿舍大楼坐向是东西向，在制冷、通风、气密性都有严重的问题。原来的宿舍内只有门可以通风，窗户都被床和柜子挡住了，打不开。夏天通风不足，冬天关起来了又会影响冬天采光。去西对流不足，夏天的空气浮躁。而且向西一面没有遮阳的设施，宿舍内的温度增高不少。加上宿舍的停车站在正午时有大量的热反射对宿舍的影响就更大了。所以在我们的方案里对这些问题进行了探讨。

(一) 通风与气密性

建筑的南北两面原来都为墙体，这不利于空气对流，改造的时候把南北的墙体拆去。而向西的一面由于面对马路，所以把流线的空间作为缓冲层。冬天就会成成半温风状态或闭合状态，加强气密性。北面设置为通向空气较清新的天桥，以起到室温建立一个常年恒定，减少冬天的热量损失。

(二) 遮阳和制冷

室内的设计也有所针对。为了解决东西无法对流的问题，在室内的东西两面墙体都设有通风百叶。靠外墙的一面通气层开在一米以下的地方，而靠北部的一面效设在靠上面离天花300MM的地方，这样一来可以利用室内空气的浮力进行气流交换。把深池的空气，再通过走廊的南北空气对流把这些空气流到室外，解决了东西不产生对流的问题。另一个利用缓冲楼梯各各部上下贯通的空间做成风通。加强倒向对流来促进室内的空气对流。由于加强了对流，解决了通风，在气密性的设计上也有特别的处理。我们把外墙的通气槽做成阿格百，流出600MM的平面，上面是细格大致的开口，下面是三层结构的通气层，可能是斜直的开口，中间是垂密的开放的间，重是最的间窗，可以按实际需要调节通风的程度，加强了气密性。

西面的外立面原来是没有遮阳的设施，使我们内受到很大的影响。改建的时候，我们加入了通用的设计，两侧架支起一个遮阳棚，墙深部是大阳能的收集核枢。灰面阳能又可主动使太阳能的热气供给之用，一举两得。天台上设吸集雨水的水池。收集来的雨水可以作为下层植物的灌溉或次生用水。而且可以用水池吸热使顶楼的空间至下天都作为凉爽的环境，也是一举两得。

建筑物的下面为广场里新设计为户外绿化，使用不同高度的乔木植物提供供朝和休息区域。使原来停车后历乱的停车场对宿舍的影响减少。不同层的遮阳棚的反出伸向不同楼梯的阳台花园，使整合的广场成一个半通的绿化广场。有利于整体的遮阳效果。把合适地与一些规范，从区域中改善宿舍的居住环境。

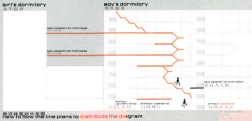

南北气流通风设计示意图 | 外加结构集热遮阳示意图 | 宿舍房间平面分布示意图

被动式太阳能设计—通风气密性设计

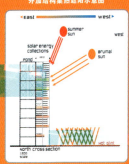

宿舍房间门厅与交流区域 入流线路

205

入选作品 学生组

作品名称:"根源"城市森林公园博物馆

作者:赵东

作品名称:2006沈阳世园会展馆概念设计

作者:徐大伟

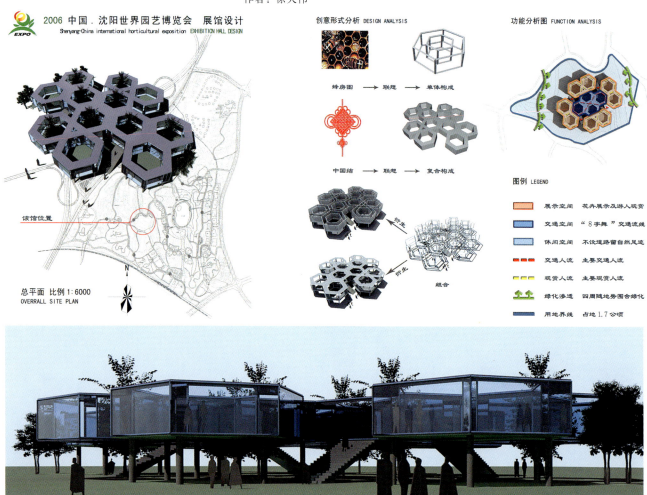

作品名称：折叠的村子

作者：王田田

作品名称：时空——印象

作者：刘清清 李婷 黄一文 耿金

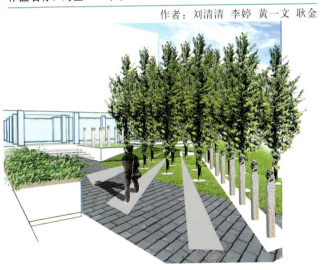
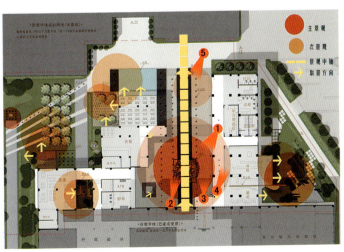

作品名称：云冈石窟
作者：张甚

一条引向获知的路径

在新云冈……

当代人经验世界的方式，多半是站在一边观看。我们为什么不试着真正的经验一番呢？在新云冈，人的三种基本感官：视觉、听觉、触觉，加上内省的体验，被装在"容器"中，放在历史的路径里，让人们从中穿过，体验。

中国人不断吸纳所经历的路径，是一个过程。一个人领悟世间万物也是如此。不断的经历、经历、然后还是经历……然后，渐渐的接近"目标"。接着，又是一轮经历的开始，这次，是站在新起点上对世间万物的再次体验。

体验：

从一个蓝色的玻璃盒子开始，精神体验的路径开始。

视觉 在一个光线暗淡的混凝土盒子里，几道阳光洒在色彩鲜艳的体块上，游历者的眼睛将经历一次视觉的刺激

听觉 由紫铜、碳化的竹子和玻璃制成的不同长短粗细的管子悬挂在路径之上，大漠里的风吹动它们，也由游历者碰触而相互撞击，发出不同的声音

触觉 不同质感的材料：地板、水、木屑、石材、草坪，在路径的第三阶段，给人们不同的触觉感受

观看历史 没有了天棚和两侧蓝色玻璃的限制，路径在这里豁然开朗了，游历者第一次看到了真正的云冈——云冈石窟最大的一尊造像，光线、空间和体验在这里一下达到最大值

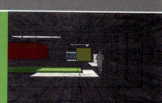

天棚

覆盖着场地中现有建筑的"天棚"，起到屏障的作用。

首先，考虑到现存建筑和需要在其中生活、工作的人们，"天棚"就像场地的"第二层皮肤"，为人们在沙漠环境中创造出一个相对良好的小气候环境。

其次，"天棚"限制游历者的视线，使他们的精力能够集中在路径的游历上。在经历了各种感觉的刺激后，同时也是到达了云冈最激动人心的地点时，"天棚"打开，让游历者充分体验存在于大自然中。

再体验世间的变幻

在随后的路径的这一段上，游历者连续体验云冈石窟的形态变化

来自自然的： 通过路径上的与山体形态对应的半圆形下沉广场，强化游历者对强大的自然力的体悟

来自文化间的： 石窟形态的巨大变化让游历者看到吸纳的成果

来自社会冲突的： 在战火中被毁坏的窟像，以存留下来的窟檐为背景，和着对面完全现代样式的蓝色玻璃椭圆柱体营造出冲突的空间氛围

返回现实

迂回穿过蓝色玻璃椭圆柱体，游历者完成了体验云冈的路径，从路径开始的地方回到现实世界——相同的地点，不同的状态。

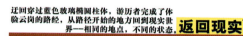

作品名称：当代艺术展览馆设计方案

作者：宋英杰

当代艺术展览馆设计方案

该馆位于双清路地段，处于两条道路的交汇处，三角地，我的设计是源于周边来往的人流，用建筑的形式表现周边的人流川流不息的感觉，也进一步反映了城市中人生活的繁忙，类似于水流，同时建筑特别具有雕塑感，也是一个大地艺术，力求在建筑与艺术之间找到一个交汇点。

作品名称：勿忘国耻　企盼和平伪满洲战犯管理所

作者：周凡　张毅

作品名称：概念空间——搏击俱乐部

作者：张国庆

概念空间——搏击俱乐部

设计说明：一个和谐的人，是一种生理和心理的和谐状态。然而社会与情感的压力往往会打破这种平衡。本概念空间是为生活在城市的灰色人群而设计的释放场所，空间概念来源于天然的岩石间，运用岩石的量感，穿插钢铁的弹性，以此激发人性中原始的本能，用肉体搏击的形式，缓解心理上的压力，以求达到一种和谐的精神世界。

作品名称：现代办公模式

作者：陈洁辉

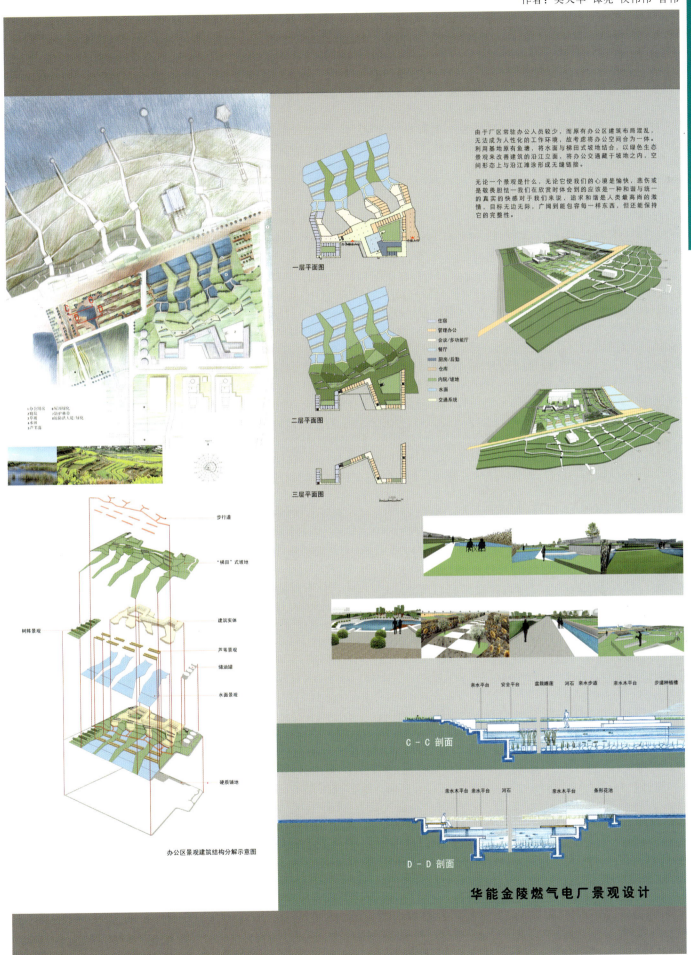

入选作品 学生组

作品名称：国际文化交流中心

作者：杨小舟

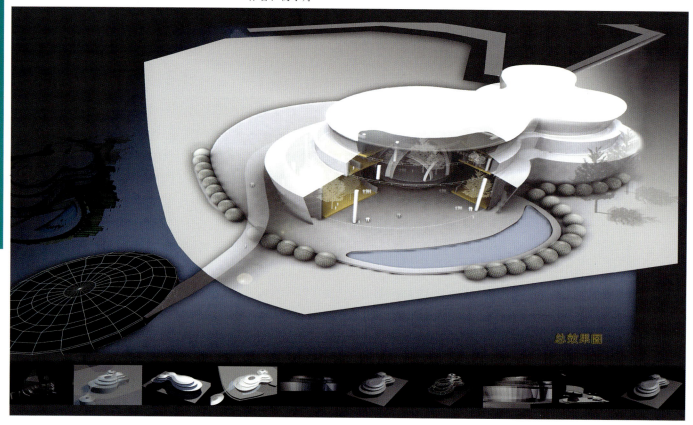

作品名称：中国人民解放军沈阳炮兵学院模拟演练大厅

作者：刘帅 邓明

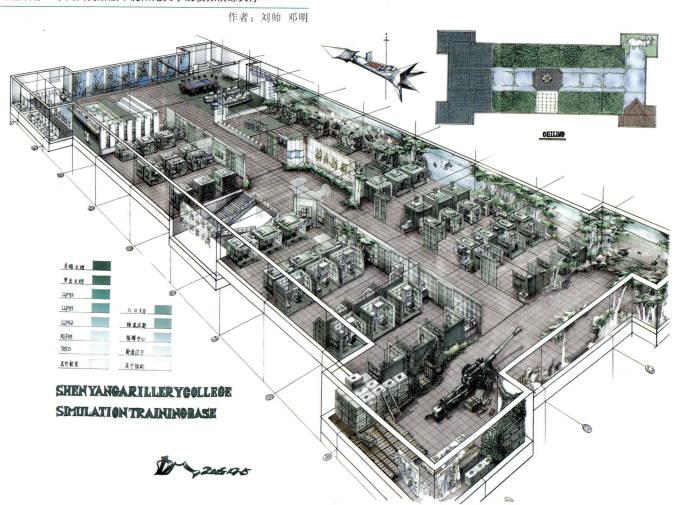

SHENYANG ARILLERY COLLEGE
SIMULATION TRAINING BASE

作品名称："蜗居"独立住宅概念设计

作者：齐娜

入选作品 学生组

蜗 居
独立式住宅概念设计

设计说明：

蜗居，一个隐匿在于森林中的独立式住宅，仅供旅游居住。蜗，蜗牛，小而精致；"窝"，安全感。每个空间都被曲面包裹起来，如蜗牛的肉般柔软，光影的表现，自然统一的简单材料，精致的细节，自然而生动，时尚与浪漫在这里协调融合，倡导一种自然回归的生活状态。

尤其是顶层卧室的玻璃穹顶结构，在宁静的夜晚，躺在地板上，望着浩瀚星空，与树木进行一次心灵的交流。客厅地面玻璃下的鹅卵石中活动着各色蜗牛。

概念创意
↓
生态
曲线
回归

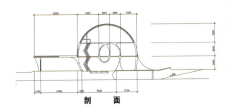

剖　面

客厅　休闲　观景　生态

卧室　苍穹　思考　梦乡
开敞式卫浴　尽显轻松与时尚

作品名称：德清县卧龙山公园改造

作者：孙路达

213

入选作品 学生组

作品名称：六角形的集会

作者：高珊珊 路艳红 李永昌

作品名称：魔方空间艺术工作室

作者：丁伟 李鹏 李永昌

作品名称：国际青年活动中心设计方案

作者：李博男 肖宏宇

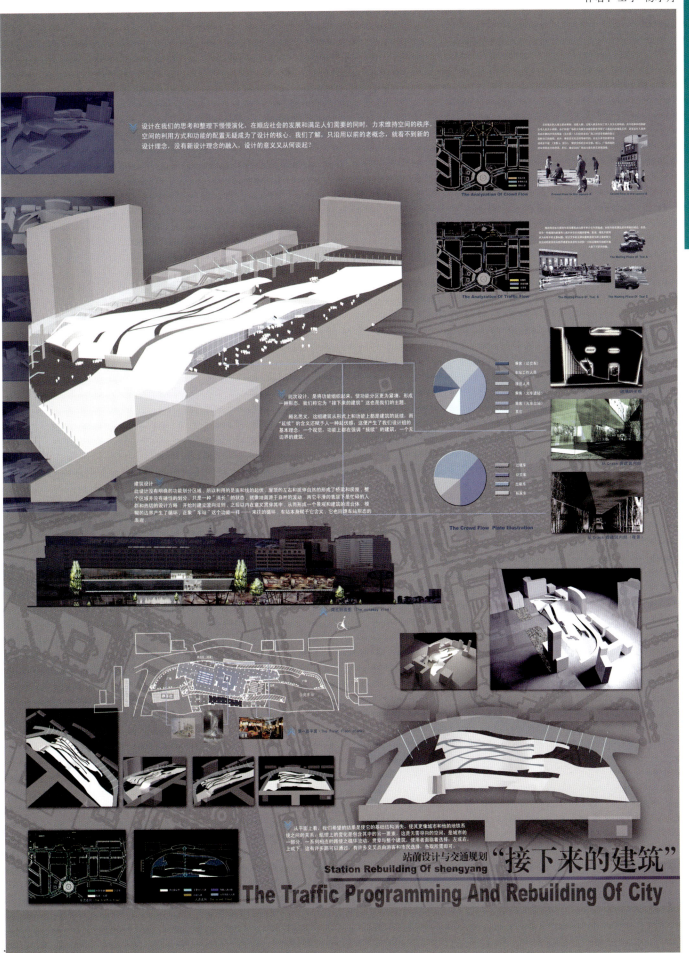

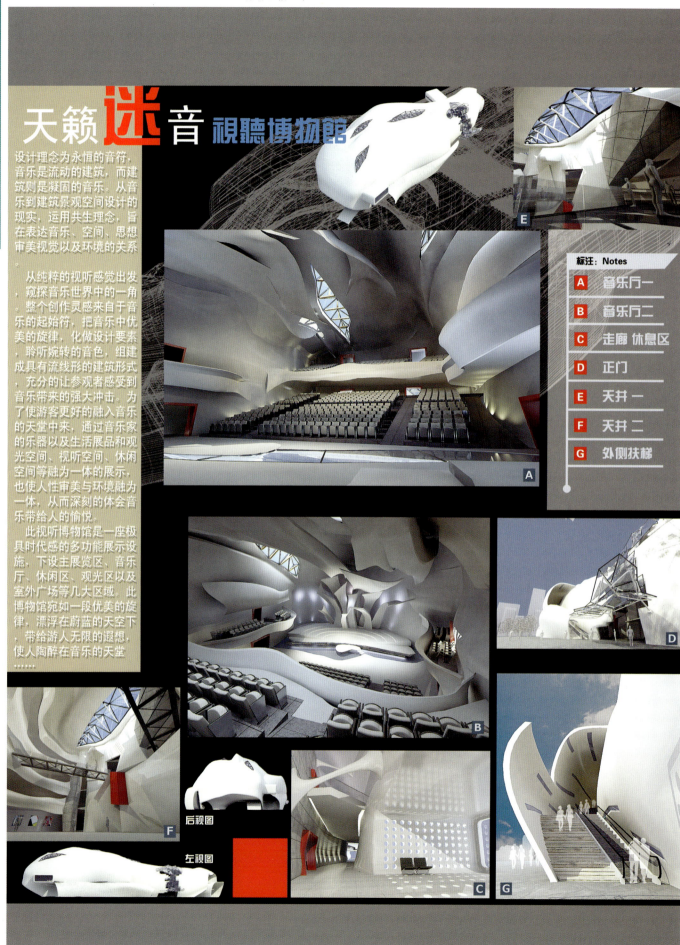

主办单位： 中国美术家协会

承办单位： 中国美术家协会环境艺术委员会
鲁迅美术学院·环境艺术设计系

协办单位：
辽宁省美术家协会　中央美术学院　清华大学美术学院
四川美术学院　广州美术学院　西安美术学院
湖北美术学院　天津美术学院　深圳大学
山东建筑大学　中国环境设计网　ABBS建筑论坛
景观中国　设计在线·中国　自由建筑报道

赞助单位：

鲁迅美术学院艺术工程总公司

中国装饰东北分公司

辽宁绿森林建筑装饰材料有限公司

沈阳嘉美新石艺装饰有限公司

辽宁森普礼品销售有限公司

鲁美环艺网（www.lmhuanyi.com）